JN429936

PRECALCULUS

기초미적분학

고두원 · 권오상 · 김선광 · 김세정 · 박병도 · 신재민 · 양창훈
류미수 · 윤영호 · 이은정 · 정대웅 · 지운식 · 진상돈 · 황숙정 지음

PRECALCULUS

기초미적분학

고두원 · 권오상 · 김선광 · 김세정 · 박병도 · 신재민 · 양창훈
류미수 · 윤영호 · 이은정 · 정대웅 · 지운식 · 진상돈 · 황숙정 지음

KM 경문사

머리말

적분은 고대에 토지의 넓이를 측정하는 방법에서 시작하여 아르키메데스에 의해 발전되었다. 최근 연구에 의하면, 아르키메데스는 미분의 개념도 사용하였다고 알려져 있다. 이후 17세기에 뉴턴과 라이프니츠가 독립적으로 적분이 미분의 역연산이라는 것을 발견하였다. 이들이 미적분학의 기본정리를 체계적으로 정립하면서 미적분학은 본격적으로 발전하였다. 이후 수학뿐만 아니라 자연과학 및 공학분야의 기본적인 언어로 역할을 하고 있으며, 변화하는 모든 현상을 기술한다. 미적분학은 대학의 자연계열 및 공학계열 학생들이 전공과목을 학습하는데 필수적인 과목이다. 이 책은 고등학교에서 수학2와 미적분을 이수하지 않거나 성취도가 미흡한 학생들이 대학에서 1학년을 대상으로 두 학기 동안 강의 되는 미적분학을 배우는 데 필요한 기초가 되는 내용을 다루고 있다. 한 학기 과정으로 구성되어 이후 대학 미적분학을 수강할 수 있는 토대를 제공한다. 집합 및 함수의 기본적인 개념부터 시작하여, 함수의 극한, 미분법, 적분법을 다룬다. 일변수 함수만 다루지만, 다항함수 뿐만 아니라 초월함수(삼각함수, 지수함수, 로그함수)의 미적분도 포함하고 있다. 실제로 이 책의 구성은 고교 과정의 미적분학 내용과 중복되는 부분이 많다. 그러나 함수의 극한이나 수열의 극한 정의는 고등학교에서의 직관적인 도입 방법과 달리 엄밀한 방법으로 소개되어 있다.

이 책은 학생들의 이해를 돕기 위하여 많은 예제와 연습문제를 수록하였으며, 연습문제의 해답을 첨부하여 학습에 도움을 주도록 하였다. 이공계 학생들뿐만 아니라 경제를 포함하여 모든 전공의 대학생들이 미적분학의 기본 지식을 효율적으로 습득하여 각자 관심 대상과 그 변화를 해석하고 이해하는 데 유용하게 활용할 수 있기를 바란다.

끝으로 이 책이 나오기까지 수고한 모든 분께 깊은 감사를 드린다.

2024년 1월

저자 일동

차례

1장

집합

19세기 독일의 수학자이자 철학자인 칸토어(G. Cantor: 1845–1918)에 의하여 집합의 개념이 처음으로 도입된 이후 이탈리아의 수학자이자 철학자인 페아노(G. Peano: 1858–1932년)에 의하여 합집합과 교집합의 기호가 개발되었고 산술이 체계화되었다. 추상적인 대상들의 모임을 집합이라 하고 이를 연구하는 수학 이론을 집합론이라 하는데, 시스템을 설명하는 기본적인 도구인 함수와 순서 등 모든 수학적 관계는 집합들의 관계로 이해할 수 있어서, 현재 집합은 수리과학의 전 분야에서 가장 기초적인 개념으로 사용되고 있다.

이 장은 집합의 표현법으로부터 출발하여, 현재 집합론에서 사용되고 있는 기본적인 기호들과 집합들 사이의 관계를 다루고, 집합들 사이의 연산과 그 연산법칙을 다룬다.

1.1 집합

집합은 수학의 가장 기본적인 개념으로서, 오늘날 수학 이론은 이 개념을 토대로 설명되고 있다. 이 절에서 집합의 기본 개념을 소개한다.

> **정의 1.1** 명확히 구별되는 어떤 대상(object)들의 모임(collection 또는 family)을 **집합**(set)이라 하고, 집합을 구성하는 각각의 대상을 그 주어진 집합의 **원소**(element)라고 한다.

일반적으로 집합은 대문자 $A, B, C, \cdots, X, Y, Z$ 등으로 나타내고, 집합의 원소는 $a, b, c, \cdots, x, y, z$와 같은 소문자로 표기한다. 어떤 대상 x가 집합 A의 원소일 때, $x \in A$로 나타내고, 어떤 대상 x가 집합 A의 원소가 아님을 나타낼 때, $x \notin A$로 표현한다.

집합을 표현하는 방법으로 **원소나열법**과 **조건제시법**이 주로 사용된다. **원소나열법**은 집합에 속하는 모든 원소을 중괄호 {} 속에 나열하는 방법으로 쉼표(,)를 사용하여 원소들 간을 구별한다. 예를 들어 자연수 전체의 집합 ℕ을 표현하는 원소나열법은 다음과 같다.

$$\mathbb{N} = \{1, 2, 3, 4, \cdots\} \text{ (원소나열법)}$$

조건제시법은 집합에 속하는 원소의 조건을 기술하여 나타내는 방법으로 중괄호 {} 속에 수직선(|) 또는 쌍점(:)을 사용하여 두 부분으로 나눈 후, 왼편에는 원소를 나타내는 식을 오른편에는 원소가 만족시키는 조건을 각각 기술한다. 예컨대 자연수

전체의 집합 ℕ을 다음과 같이 조건제시법으로 나타낼 수 있다.

$$\mathbb{N} = \{x \mid x\text{는 자연수}\} \quad (\text{조건제시법})$$

하나의 집합에 속하는 원소는 모두 달라야 하며, 즉 하나의 집합에 같은 원소가 여러 개 있을 수 없다. 또한 집합의 원소들 사이에는 대소 관계나 선후 관계와 같은 순서에 따른 구분을 하지 않는다. 예를 들어, 집합 $A = \{1, 2, 3, 4\}$와 집합 $B = \{4, 2, 1, 3\}$은 같은 집합으로 간주한다.

예제 1.2

영어단어 difficult를 구성하는 알파벳의 모임을 집합 A라고 할 때, 집합 A를 원소나열법과 조건제시법으로 각각 나타내시오.

풀이 $A = \{\text{c,d,f,i,l,t,u}\}$ (원소나열법),

$$A = \{x \mid x\text{는 difficult를 구성하는 알파벳}\} \quad (\text{조건제시법})$$ ■

두 집합 A, B의 포함관계에 대하여 알아보자. 두 집합 A, B에 대하여 집합 A의 모든 원소가 집합 B의 원소일 때, 집합 A는 집합 B의 **부분집합**(subset)이라 하고, $A \subset B$ 또는 $B \supset A$로 나타낸다. 조건명제 '$x \in A \to x \in B$'가 항상 참일 때, '$x \in A \Rightarrow x \in B$'로 나타내고, 이 때 집합 A는 B의 부분집합이다.

원소를 하나도 가지지 않는 집합, 즉 원소 개수가 0인 집합을 **공집합**(empty set, null set)이라 하고, $\emptyset$로 나타낸다. 그러므로 공집합 $\emptyset$은 모든 집합의 부분집합이 된다.

예제 1.3

집합 $A = \{x \in \mathbb{N} \mid x\text{는 홀수이고 } x^2 = 4\text{이다}\} = \emptyset$임을 보이시오.

풀이 홀수는 적당한 자연수 n에 대하여 $2n - 1$로 나타낼수 있고, 이를 제곱하면 $(2n-1)^2 = 2(2n^2 - 2n + 1) - 1$이므로 홀수이다. 따라서 A의 원소는 존재하지 않고, A는 공집합이다. ■

두 집합 A, B에 대하여 $A \subset B$와 $B \subset A$를 동시에 만족할 때, A와 B는 **상등**(identical) 또는 **같다**(equal)고 하고, $A = B$로 나타낸다. 따라서, A와 B가 같은 집합이라는 것은 쌍조건명제 '$x \in A \leftrightarrow x \in B$'는 항상 참이라는 것과 같다, 즉 '$x \in A \Leftrightarrow x \in B$'이다.

예제 1.4

집합 $A = \{x \in \mathbb{N} \mid x\text{는 홀수}\}$와 집합 $B = \{x \in \mathbb{N} \mid x^2\text{는 홀수}\}$에 대하여, $A = B$임을 보이시오.

풀이 $x \in A$이면, x는 홀수이고, 예제 1.3 풀이에 의해 x^2은 홀수이다. 따라서, $A \subset B$이다. 이제, $y \in B$라고 하자. y는 짝수이거나 홀수이다. 그런데, 짝수는 적당한 자연수 n에 대하여 $2n$으로 나타낼 수 있고, $(2n)^2 = 2(2n^2)$이므로, 짝수의 제곱은 짝수이다. y^2이 홀수이므로 y는 홀수이고, $B \subset A$이다. 따라서 $A = B$이다. ■

두 집합 A, B에 대하여 $A \subset B$이고 $A \neq B$일 때 A를 B의 **진부분집합**(proper subset)이라 하고, 이 때 $A \subsetneq B$라 쓰기도 한다.[1]

예제 1.5

집합 $A = \{0, 1\}$의 진부분집합을 모두 구하시오.

풀이 A의 진부분집합은 $\emptyset$, $\{0\}$, $\{1\}$이다. ■

어떤 문제를 생각할 때 고려해야 할 모든 대상을 포함하는 집합을 **전체집합**(universal set)이라 한다. 문제에 따라 고려되는 대상들이 다르므로 문제마다 전체집합이 다르게 설정되는 것이 일반적이다. 그러나 문제는 다르지만 문제의 성격이 같다면 모든 문제에서 고려되어야 할 대상을 모두 포함하는 집합을 전체집합으로 설정하는 것이 편리하기도 하다.

주어진 집합 A의 부분집합 전체의 집합을 A의 **멱집합**(power set)라 하고, $P(A)$ 또는 2^A로 나타낸다.

예제 1.6

집합 $A = \{a, b\}$의 멱집합을 구하시오.

풀이 $P(\{a, b\}) = \{\emptyset, \{a\}, \{b\}, \{a, b\}\}$가 원소의 수가 $2^2 = 4$이고 A의 모든 부분집합을 원소로 가지는 A의 멱집합이다. ■

공집합 $\emptyset$을 원소로 가지는 새로운 집합 $\{\emptyset\}$을 고려하자. 그리고 $\emptyset$과 $\{\emptyset\}$을 원소로 하는 또 다른 집합 $\{\emptyset, \{\emptyset\}\}$을 구성하자. 이와 같은 방법을 되풀이 할 경우 다음과

[1] 집합 A가 집합 B의 부분집합이라는 것은 집합 A와 집합 B가 같을 수도 있으므로 이를 강조하는 의미에서 $A \subseteq B$로 나타내기도 한다.

같은 집합들을 구성할 수 있다.

$$\emptyset, \{\emptyset\}, \{\emptyset, \{\emptyset\}\}, \{\emptyset, \{\emptyset\}, \{\emptyset, \{\emptyset\}\}\}, \ldots$$

위와 같이 구성된 집합을 차례로 $0, 1, 2, 3, 4, \ldots$으로 놓자. 그러면 $0 = \emptyset,\ 1 = \{\emptyset\},\ 2 = \{\emptyset, \{\emptyset\}\},\ 3 = \{\emptyset, \{\emptyset\}, \{\emptyset, \{\emptyset\}\}\}, \ldots$이므로 $1 = \{0\},\ 2 = \{0, 1\},\ 3 = \{0, 1, 2\},\ 4 = \{0, 1, 2, 3\}, \ldots$임을 알 수 있다. 일반적으로 모든 자연수 n에 대하여 $n^* = n + 1$로 정의하면, 다음이 성립한다.

$$n = \{0, 1, 2, \ldots, (n-1)\} \subset \{0, 1, 2, \ldots, (n-1), n\} = n^*$$

여기서 원소의 기호 $\in$을 부등호 $<$로 나타내면, $n \in n^* = n + 1$이므로 $n < n + 1$이다. 그런데 $n \notin n$이므로 n은 n보다 작지 않다. 결론적으로 자연수 n은 자신을 자신의 원소로 갖지 않는 특수한 성질을 갖는 집합임을 알 수 있다.

1.1 연습문제

1. 다음 문장을 쓰기 위해 사용된 자음을 원소로 하는 집합 A를 원소나열법으로 나타내시오.

   "독도는 한국땅이다."

2. $\mathbb{R}$을 실수의 집합이라고 하자. 방정식 $x^4 - x^2 - 2 = 0$의 모든 실근의 집합 $\mathbb{X}$를 조건제시법과 원소나열법으로 나타내시오.

3. 집합 $A = \{a, b, c, d\}$의 진부분집합 중 원소 개수가 2개 이상인 집합을 모두 구하시오.

4. 집합 $A = \{0, 1, 2\}$의 멱집합을 구하시오.

1.2 집합의 연산

두 집합으로부터 새로운 집합을 구성하는 규칙을 **집합의 연산**(set operation)이라고 한다. 이 절에서 다양한 종류의 집합 연산과 성질을 소개한다.

정의 1.7 전체집합 X의 부분집합인 A와 B에 대하여 **집합의 연산**(operation) $\cup, \cap, -, \Delta$를 다음과 같이 정의한다.

(1) $A \cup B = \{x \in X \mid x \in A \text{ 또는 } x \in B\}$ (**합집합**(union)),

(2) $A \cap B = \{x \in X \mid x \in A \text{ 그리고 } x \in B\}$ (**교집합**(intersection)),

(3) $A - B = \{x \in X \mid x \in A \text{ 그리고 } x \notin B\}$ (**차집합**(difference)),

(4) $A \Delta B = (A - B) \cup (B - A)$ (**대칭차집합**(symmetric difference)).

두 집합 A, B에 대하여 $A \cap B = \emptyset$일 때, 이 두 집합은 **서로소**(disjoint)라 한다.

주어진 집합 X의 부분집합 A에 대하여 집합

$$\{x \in X \mid x \notin A\}$$

를 X에 관한 A의 **여집합**(complement)이라 하고 A^C로 나타낸다. 이 때, A^C의 각 원소는 집합 X에는 속하나 집합 A에는 속하지 않기 때문에

$$A^C = \{x \in X \mid x \notin A\} = X - A$$

가 성립함을 알 수 있다.

예제 1.8

집합 $X = \{a, b, c, d, e, f\}$의 부분집합 $A = \{a, b, c, d, e\}$, $B = \{f\}$에 대하여 다음 집합을 구하시오.

(1) $A \cup B$ (2) $A \cap B$ (3) $A^C = X - A$ (4) $A \Delta B$

풀이 (1) $A \cup B = \{a, b, c, d, e\} \cup \{f\} = \{a, b, c, d, e, f\} = X$

(2) $A \cap B = \{a, b, c, d, e\} \cap \{f\} = \emptyset$

(3) $A^C = X - A = \{a, b, c, d, e, f\} - \{a, b, c, d, e\} = \{f\} = B$

(4) $A - B = \{a, b, c, d, e\} - \{f\} = \{a, b, c, d, e\} = A$이고 $B - A = \{f\} - \{a, b, c, d, e\} = \{f\} = B$이므로 $A \Delta B = (A - B) \cup (B - A) = A \cup B =$

$\{a, b, c, d, e\} \cup \{f\} = \{a, b, c, d, e, f\} = X$이다. ■

다음 정리는 집합의 기본 연산법칙을 나타낸다.

정리 1.9 전체집합 U와 그 부분집합 A, B, C에 대하여 다음 연산법칙이 성립한다.

(1) $A \cup \emptyset = \emptyset \cup A = A$, $A \cap U = U \cap A = A$ **[항등원]**

(2) $A \cup A = A$, $A \cap A = A$ **[멱등법칙]**

(3) $A \cap \emptyset = \emptyset \cap A = \emptyset$, $A \cup U = U \cup A = U$

(4) $A \cup A^{\mathrm{C}} = U$, $A \cap A^{\mathrm{C}} = \emptyset$

(5) $(A^{\mathrm{C}})^{\mathrm{C}} = A$, $U^{\mathrm{C}} = \emptyset$, $\emptyset^{\mathrm{C}} = U$

(6) $A \cup B = B \cup A$, $A \cap B = B \cap A$ **[교환법칙]**

(7) $(A \cup B) \cup C = A \cup (B \cup C)$, $(A \cap B) \cap C = A \cap (B \cap C)$ **[결합법칙]**

(8) $A \cup (B \cap C) = (A \cup B) \cap (A \cup C)$, **[배분법칙]**

$A \cap (B \cup C) = (A \cap B) \cup (A \cap C)$

증명 (5)의 첫번째 등식을 증명해보자.

$$x \in (A^{\mathrm{C}})^{\mathrm{C}} \Leftrightarrow x \notin A^{\mathrm{C}} \Leftrightarrow x \in A,$$

이므로 $(A^{\mathrm{C}})^{\mathrm{C}} \subset A$ 이고 $A \subset (A^{\mathrm{C}})^{\mathrm{C}}$이다.

(8)의 첫번째 등식을 증명해보자. 먼저, $A \cup (B \cap C) \subset (A \cup B) \cap (A \cup C)$임을 보이자. $x \in A \cup (B \cap C)$라고 하자. 그러면, $x \in A$ 또는 $x \in B \cap C$이다. $x \in A$ 이면, $x \in A \cup B$ 이고, $x \in A \cup C$이므로, $x \in (A \cup B) \cap (A \cup C)$이다. 또는, $x \in B \cap C$이면, $x \in B$ 이고 $x \in C$이므로, $x \in A \cup B$ 이고 $x \in A \cup C$이다. 따라서, $x \in (A \cup B) \cap (A \cup C)$이다.

이제, $(A \cup B) \cap (A \cup C) \subset A \cup (B \cap C)$임을 보이자. $x \in (A \cup B) \cap (A \cup C)$라고 하자. $x \in A$이면, 당연하게 $x \in A \cup (B \cap C)$이므로, $x \notin A$라고 하자. 그러면, 가정에 의해 $x \in A \cup B$ 이고 $x \in A \cup C$이므로, $x \in B$ 이고 $x \in C$가 성립한다. 따라서, $x \in B \cap C$이므로, $x \in A \cup (B \cap C)$이다.

나머지 명제의 증명은 각자에게 맡긴다. ■

예제 1.10 **[흡수법칙(absorption laws)]**

임의의 집합 A, B에 대하여 다음을 증명하시오.

(1) $A \cup (A \cap B) = A$

(2) $A \cap (A \cup B) = A$

풀이 (1) $A \cap B \subset A$ 이므로 $A \cup (A \cap B) = A$ 이다.

(2) $A \subset A \cup B$ 이므로 $A \cap (A \cup B) = A$ 이다.

■

예제 1.11

주어진 집합 X의 두 부분집합 A, B에 대하여 $A - B = A \cap B^{\mathrm{C}}$가 성립함을 보이시오.

풀이 집합 연산의 정의에 의하여

$$\begin{aligned} A - B &= \{x \in X \mid x \in A \text{ 그리고 } x \notin B\} \\ &= \{x \in X \mid x \in A \text{ 그리고 } x \in B^{\mathrm{C}}\} \\ &= A \cap B^{\mathrm{C}} \end{aligned}$$

가 성립한다. ■

다음 정리를 **드 모르간의 법칙**(De Morgan's laws)이라 부른다.

정리 1.12 주어진 집합 X의 부분집합 A, B에 대하여 다음이 성립한다.

(1) $(A \cup B)^{\mathrm{C}} = A^{\mathrm{C}} \cap B^{\mathrm{C}}$ (2) $(A \cap B)^{\mathrm{C}} = A^{\mathrm{C}} \cup B^{\mathrm{C}}$

증명 집합 연산의 정의에 의하여 다음이 성립한다.

$$\begin{aligned} (A \cup B)^{\mathrm{C}} &= \{x \in X \mid x \notin A \cup B\} \\ &= \{x \in X \mid x \notin A \text{ 그리고 } x \notin B\} \\ &= \{x \in X \mid x \in A^{\mathrm{C}} \text{ 그리고 } x \in B^{\mathrm{C}}\} \\ &= A^{\mathrm{C}} \cap B^{\mathrm{C}}. \end{aligned}$$

또한,

$$\begin{aligned} (A \cap B)^{\mathrm{C}} &= \{x \in X \mid x \notin A \cap B\} \\ &= \{x \in X \mid x \notin A \text{ 또는 } x \notin B\} \\ &= \{x \in X \mid x \in A^{\mathrm{C}} \text{ 또는 } x \in B^{\mathrm{C}}\} \\ &= A^{\mathrm{C}} \cup B^{\mathrm{C}}. \end{aligned}$$

■

집합의 원소 개수가 유한인 집합을 **유한집합**(finite set)이라 한고, 원소 개수가 유한이 아닌 집합을 **무한집합**(infinite set)이라 한다. 유한집합 A의 원소 개수를 $n(A)$로 나타내면, 유한집합 U와 그 부분집합 A, B, C에 대하여 다음 등식이 성립한다.

(1) $n(A \cup B) = n(A) + n(B) - n(A \cap B)$,

(2) $n(A^{C}) = n(U) - n(A)$,

(3) $n(A \cup B \cup C) = n(A) + n(B) + n(C) - n(A \cap B)$
$\qquad - n(A \cap C) - n(B \cap C) + n(A \cap B \cap C)$

원소가 하나뿐인 집합 $\{a\}$를 **단집합**(singleton set)이라 한다. 원소가 두개인 집합 $\{a,\ b\}$는 a, b의 순서에 무관한 모임으로 **순서가 없는 쌍**(unordered pair)이라 한다. 집합 $\{\{a\},\ \{a,\ b\}\}$를 $(a,\ b)$로 나타내고, $\{\{b\},\ \{a,\ b\}\}$를 $(b,\ a)$로 타나내며, 이들을 a와 b의 **순서쌍**(ordered pair)이라 한다. 순서쌍 $(a,\ b)$와 $(b,\ a)$는 $a = b$인 경우를 제외하고는 같지 않다. 만약 $a \neq b$이면 $\{b\} \notin \{\{a\},\ \{a,\ b\}\}$이고 $\{\{a\},\ \{a,\ b\}\} \neq \{\{b\},\ \{a,\ b\}\}$이므로 $(a,\ b) \neq (b,\ a)$이다.

정리 1.13 원소 a, b, c, d에 대하여 $(a,\ b) = (c,\ d)$가 성립할 필요충분조건은 $a = c$, $b = d$ 가 되는 것이다.

증명 $(a,\ b) = (c,\ d)$일 필요충분조건은 $\{\{a\},\ \{a,\ b\}\} = \{\{c\},\ \{c,\ d\}\}$이고 이것은 $\{a\} = \{c\}$, $\{a,\ b\} = \{c,\ d\}$일 필요충분조건이다. 따라서 $(a,\ b) = (c,\ d)$일 필요충분조건은 $a = c$, $b = d$ 이다. ∎

집합 A, B 의 순서쌍 전체의 집합 $\{(a,\ b) \mid a \in A,\ b \in B\}$를 A와 B의 **카테시언 곱**(Cartesian product)이라 하고, $A \times B$ 로 나타낸다. $A = \emptyset$ 이거나 $B = \emptyset$이면 순서쌍은 존재하지 않으므로 $A \times B = \emptyset$ 이다. 또한 이의 역도 성립한다.

정리 1.14 집합 A, B, C에 대하여 다음 등식이 성립한다.

(1) $A \times (B \cup C) = (A \times B) \cup (A \times C)$

(2) $A \times (B \cap C) = (A \times B) \cap (A \times C)$

(3) $(A \times B) \cap (C \times D) = (A \cap C) \times (B \cap D)$

증명 (1) 순서쌍 (a, b)에 대하여

$$
\begin{aligned}
(a,b) \in A \times (B \cup C) &\iff a \in A \text{ 이고 } b \in B \cup C \\
&\iff \text{`}a \in A \text{ 이고 } b \in B\text{' 또는 `}a \in A \text{ 이고 } b \in C\text{'} \\
&\iff (a,b) \in A \times B \text{ 또는 } (a,b) \in A \times C \\
&\iff (a,b) \in (A \times B) \cup (A \times C)
\end{aligned}
$$

가 성립한다. 그러므로 (1)의 등식이 성립한다. (2)와 (3)은 유사하게 증명할 수 있다. ∎

예제 1.15

집합 A, B, C에 대하여 $A \times (B - C) = (A \times B) - (A \times C)$가 성립한다.

풀이 정리 1.14에 의하여

$$A \times (B - C) = A \times (B \cap C^{\mathrm{C}}) = (A \times B) \cap (A \times C^{\mathrm{C}})$$

가 성립한다. 또한, 예제 1.11에 의하여

$$(A \times B) - (A \times C) = (A \times B) \cap (A \times C)^{\mathrm{C}}$$

가 성립한다. 그런데, $(a, b) \in A \times B$일 때,

$$(a, b) \in A \times C^{\mathrm{C}} \Leftrightarrow (a, b) \in (A \times C)^{\mathrm{C}}$$

이므로, 주어진 등식이 성립한다. ■

1.2 연습문제

1. 주어진 집합 X의 임의의 부분집합 A, B에 $A \triangle B = (A - B) \cup (B - A)$로 주어진 연산 $\triangle$의 항등원은 모든 A에 대하여 $A \triangle I = I \triangle A = A$이 항상 성립하는 부분집합 I를 지칭한다. 이 연산에 관한 항등원은 다음 중 어느 것인가?

   (1) U (2) $\emptyset$ (3) A (4) B

2. 집합 A, B에서 $A \subseteq B$가 항상 성립하는 경우는 다음 중 어느 때인가?

   (1) $A \cap B = B$ (2) $A \cup B = A$ (3) $A \cup B^{\mathrm{C}} = \emptyset$ (4) $B \cup A^{\mathrm{C}} = B$

3. 집합 A, B와 $\emptyset$에 대하여 $A \cap B^{\mathrm{C}} = \emptyset$와 필요충분조건을 구하시오.

4. 집합연산에 대하여 다음 등식이 성립함을 보여라.

   (1) $(A \cup B) - (A \cap B) = (A - B) \cup (B - A)$

   (2) $A \cap (B - C) = (A \cap B) - C$

   (3) $A - (B \cup C) = (A - B) \cap (A - C)$

(4) $A-(B\cap C)=(A-B)\cup(A-C)$

5. 집합 $A=\{a,\ b\}$, $B=\{1,\ 2,\ 3,\ 4,\ 5\}$, $C=\{3,\ 5,\ 7,\ 9\}$에 대하여 다음 집합을 원소나열법으로 나타내시오.

(1) $(A\times B)\cap(A\times C)$

(2) $(A\triangle B)\triangle C$

6. n개의 원소를 갖는 집합 A의 멱집합 2^A의 원소의 개수는

$$2^n=(1+1)^n=\binom{n}{0}+\binom{n}{1}+\cdots+\binom{n}{n}$$

이다. $A=\{a,\ b,\ c,\ d,\ e\}$일 때, 멱집합 $P(A)$의 원소 개수를 구하시오.

2장

함수

함수는 각 입력 값이 유일한 출력 에 대응되는 입력집값 합과 출력 집합 사이의 대응관계이다. 과학이나 공학은 물론 실생활에서 많은 대상들이 함수로 표현되므로 함수는 다양한 분야에서 사용되는 중요한 기본적인 개념 중의 하나이다. 이 책에서는 이해도를 높이기 위하여 고등학교 수학 교육과정에서 이미 학습한 함수의 정의를 사용하고 이 정의와 동치인 함수의 그래프를 이용하여 함수를 정의하는 방법을 간단히 소개한다.

이 장에서는 두 집합 사이에 정의되는 일반적인 함수의 성질과 함수들의 합과 곱 그리고 합성함수 등 함수들의 연산을 다룬다. 또한, 미분적분학에서 가장 간단한 역학시스템을 이해하는데 주로 사용되는 지수·로그함수와 삼각함수를 다룬다.

2.1 함수

정의 2.1 두 집합 X와 Y에 대하여, X의 각 원소에 Y의 원소가 오직 한 개씩 대응될 때, 이 대응을 집합 X에서 집합 Y로의 **함수**(function)라고 하며, 기호로

$$f : X \to Y \quad \text{또는} \quad X \xrightarrow{f} Y$$

와 같이 나타낸다. 이 때, 집합 X를 f의 **정의역**(domain), 집합 Y를 함수 f의 **공역**(codomain)이라 한다.

정의 2.1에서 함수 f의 정의역 X의 원소 x에 공역 Y의 원소 y가 대응될 때, f의 대응관계를 명확하게 나타내기 위하여

$$f : X \ni x \longmapsto y \in Y \qquad \text{또는} \qquad f : X \to Y, \quad y = f(x)$$

로 나타내고, 이 $y(= f(x))$를 함수 f에 의한 x의 **상**(image) 또는 **함숫값**(value)이라 한다. 또, 공역 Y의 부분집합 $\{f(x) : x \in X\}$를 함수 f의 **치역**(range)이라 하고, $f(X)$로 표시한다. 즉,

$$f(X) = \{f(x) : x \in X\}$$

로 표시한다.

일반적으로, 임의의 부분집합 $A \subseteq X$에 대하여

$$f(A) = \{f(x) : x \in A\}$$

로 표시한다.

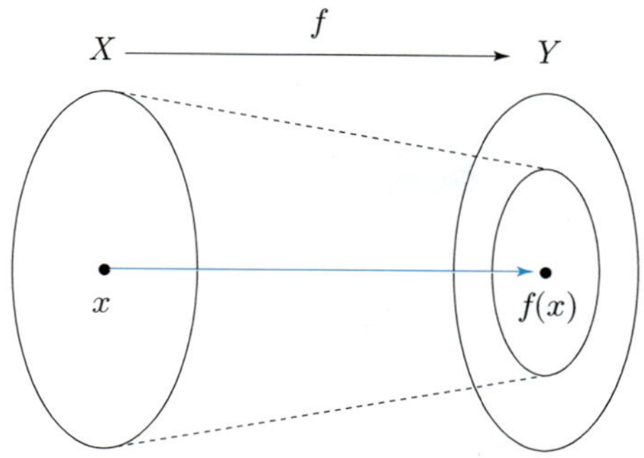

그림 2.1

참고 2.2

(1) 정의 2.1에서 함수 $f : X \to Y$가 주어져 있다는 뜻은 두 집합 X와 Y가 주어져 있고 X에서 Y로의 대응 관계가 주어져 있다는 것을 의미하고, f의 정의역 X의 각 원소 x에 대응하는 (오직 하나의) 원소 $y(=f(x))$가 f의 공역 Y에 존재해야 한다. 그러므로 함수 f의 치역 $f(X)$를 포함하는 모든 집합 U에 대하여 대응관계

$$X \ni x \longmapsto f(x) \in U$$

를 잘 정의할 수 있다, 즉 함수 f를 집합 X에서 U로의 함수로 생각할 수 있다.
(2) 일반적으로 정의역과 공역에 관한 특별한 언급이 없이 함수를 생각한다는 것은 함수의 대응관계가 의미를 갖도록 하는 정의역의 가장 큰 집합을 주어진 함수의 정의역으로 택하고, 정의역에 대응된 공역의 가장 작은 집합을 주어진 함수의 공역으로 택한다, 즉 함수의 치역과 공역을 일치하도록 택한다.

예제 2.3

(1) 일차함수 $y = ax + b$ $(a \neq 0)$의 정의역은 실수 전체 집합 $\mathbb{R}$이고, 치역도 $\mathbb{R}$이다.
(2) 이차함수 $y = a(x-b)^2 + c$ $(a \neq 0)$의 정의역은 $\mathbb{R}$이고, $a > 0$일 때, 치역은 $\{y \in \mathbb{R} \mid y \geq c\}$이고, $a < 0$일 때, 치역은 $\{y \in \mathbb{R} \mid y \leq c\}$이다.
(3) 유리함수 $y = \dfrac{1}{x}$의 정의역은 $\{x \in \mathbb{R} \mid x \neq 0\}$이고, 치역은 $\{y \in \mathbb{R} \mid y \neq 0\}$이다.
(4) 무리함수 $y = \sqrt{x}$의 정의역은 $\{x \in \mathbb{R} \mid x \geq 0\}$이고, 치역은 $\{y \in \mathbb{R} \mid y \geq 0\}$이다.

예제 2.4

다음 주어진 함수에 대하여 정의역, 공역, 치역을 구하시오.

(1) 자연수 전체의 집합 $\mathbb{N}$에 대하여 $f : \mathbb{N} \to \mathbb{N}$, $f(n) = 3n$인 함수

(2) 집합 $X = \{-1, 1, i, -i\}$에 대하여 $f : X \to X$, $f(x) = x^2$인 함수

여기서 i는 단위 복소수 이다, 즉 i는 이차방정식 $x^2 = -1$의 한 근이다.

풀이 (1) 주어진 함수 f의 정의역과 공역은 자연수 전체의 집합인 $\mathbb{N}$이고, 치역은 자연수 중 3의 배수인 수의 집합 $\{3, 6, 9, 12, \ldots\}$이다.

(2) 주어진 함수 f의 정의역과 공역은 집합 X이고, 치역은 집합 $\{1, -1\}$이다.

▩

정의 2.5 두 집합 X, Y에 대하여, 집합 $X \times Y$를

$$X \times Y = \{(x, y) \mid x \in X \text{ 그리고 } y \in Y\}$$

로 정의하고, $X \times Y$를 집합 X와 Y의 **곱집합**(product set)이라 한다. 곱집합 $X \times Y$의 원소 (x, y)를 x와 y의 **순서쌍**(ordered pair)이라 하고, 두 순서쌍 (x, y)와 (a, b)에 대하여 $x = a$이고 $y = b$일 때, $(x, y) = (a, b)$로 정의한다.

예제 2.6

집합 X, Y에 대하여 각각

$$\pi_1 : X \times Y \ni (x, y) \longmapsto x \in X, \qquad \pi_2 : X \times Y \ni (x, y) \longmapsto y \in Y$$

와 같이 정의되는 π_1, π_2는 모두 함수이다. 이때 π_1을 **제1정사영**(first projection)이라 하고, π_2를 **제2정사영**(second projection)이라 한다.

정의 2.7 곱집합 $X \times Y$의 부분집합 $\{(x, f(x)) \mid x \in X\}$를 함수 f의 **그래프**(graph)라 하고, $G(f)$로 표시한다. 즉,

$$G(f) = \{(x, f(x)) \mid x \in X\}$$

로 표시한다.

예제 2.8

(1) 일차함수 $f(x) = 2x + 1$의 그래프는 $G(f) = \{(x, 2x+1) \mid x \in \mathbb{R}\}$이다.

(2) 유리함수 $f(x) = \dfrac{1}{x}$의 정의역이 $\{x \in \mathbb{R} \mid x \neq 0\}$이므로 f의 그래프는 $G(f) = \{(x, 1/x) \mid x \in \mathbb{R},\ x \neq 0\}$이다.

참고 2.9

함수 $f : X \to Y$와 그 그래프 $G(f)$에 대하여, 함수의 정의로부터 다음 두 성질이 성립함을 쉽게 알 수 있다.

(i) 모든 $x \in X$에 대하여 $(x, y) \in G(f)$인 $y \in Y$가 존재한다.

(ii) $(x, y), (x, z) \in G(f)$이면 $y = z$이다.

또한, 그 역이 성립한다, 즉, 곱집합 $X \times Y$의 부분집합 $G(f)$가 위 두 성질 (i)과 (ii)를 만족하면 유일한 함수 $f : X \to Y$가 존재하여 $G(f)$는 함수 f의 그래프와 일치한다. 함수의 그래프에 대한 위 두 성질 (i)과 (ii)가 함수를 유일하게 결정하므로 두 성질 (i)과 (ii)를 만족하는 $X \times Y$의 부분집합 $G(f)$를 함수라 정의하기도 한다.

정의 2.10 두 함수 $f : X \to Y$, $g : Z \to W$에 대하여, $X = Z$, $Y = W$이고 정의역 X의 모든 원소 x에 대하여 $f(x) = g(x)$일 때, 두 함수 f와 g는 서로 **같다**고 하며, 이것을 기호로

$$f = g$$

와 같이 나타낸다.

예제 2.11

정의역과 공역이 $\{-1, 0, 1\}$인 두 함수 $f(x) = x^3$, $g(x) = x$에 대하여 $f(-1) = g(-1) = -1$, $f(0) = g(0) = 0$, $f(1) = g(1) = 1$을 만족하므로 $f = g$이다.

참고 2.12

참고 2.2의 관점에서, 두 함수 $f : X \to Y$, $g : Z \to W$에 대하여, 만약, $X = Z$이고 정의역 X의 모든 원소 x에 대하여 $f(x) = g(x)$이면, 두 함수 f와 g의 치역은 $f(X) = f(Z) = g(Z) \subset Y \cap W$로 같고, 이 때, 두 함수 f와 g는 함수 $f, g : X \to Y \cap W$로서 같다고 한다.

예제 2.13

두 함수 $f(x) = x + 1$와 $g(x) = \dfrac{x^2 - 1}{x - 1}$을 생각하여 보자.

(1) 함수 f의 정의역은 $\mathbb{R}$이고 함수 g의 정의역은 $\{x \in \mathbb{R} \mid x \neq 1\}$이므로 $f \neq g$이다.

(2) 만약, 함수 f의 정의역을 $\{x \in \mathbb{R} \mid x \neq 1\}$라 제한하면 $x \neq 1$인 모든 실수 x에 대하여

$$g(x) = \frac{x^2 - 1}{x - 1} = x + 1 = f(x)$$

이므로 $f = g$이다. 이 때, 함수 f와 g의 공역과 치역은 모두 $\{x \in \mathbb{R} \mid x \neq 2\}$이다.

예제 2.14

두 함수 f와 g의 그래프가 각각

$$G(f) = \{(x, x + 2) \mid x \geq 0\}, \qquad G(g) = \{(x - 1, x + 1) \mid x \geq 1\}$$

로 주어져 있을 때, $f = g$임을 증명하시오.

풀이 $G(g) = \{(x - 1, x + 1) \mid x \geq 1\} = \{(x, x + 2) \mid x \geq 0\} = G(f)$이므로 $f = g$이다. ■

정의 2.15 함수 $f : X \to Y$에 대하여

(1) 정의역의 모든 원소가 공역 Y의 오직 한 원소에 대응할 때 (즉, 치역 $f(X)$가 오직 하나의 원소만 가질 때), 함수 f를 **상수함수**라 하고, $f(X) = \{c\} \subset Y$에 대하여 $f = c$로 나타낸다.

(2) 정의역과 공역이 같고, 즉 $X = Y$이고, 정의역의 임의의 원소 x에 그 자신

x를 대응시킬 때, 즉

$$f : X \to X, \quad f(x) = x$$

일 때, f를 집합 X의 **항등함수**라 하고, I_X로 표시한다.

정의 2.16 함수 $f : X \to Y$에 대하여

(1) 임의의 $x_1, x_2 \in X$에 대하여 $x_1 \neq x_2$이면 $f(x_1) \neq f(x_2)$일 때 (즉, $f(x_1) = f(x_2)$이면 $x_1 = x_2$일 때), 함수 f를 **단사함수**(injection) 또는 **일대일 함수**(one-to-one function)라 한다.

(2) $f(X) = Y$, 즉 임의의 $y \in Y$에 대하여 $y = f(x)$인 $x \in X$가 항상 존재할 때, 함수 f를 **전사함수**(surjection) 또는 Y **위로의 함수**(onto function)라 한다.

(3) 함수 f가 단사함수이고 전사함수일 때, f를 **전단사함수**(bijection) 또는 **일대일대응**(one-to-one correspondence)이라 한다.

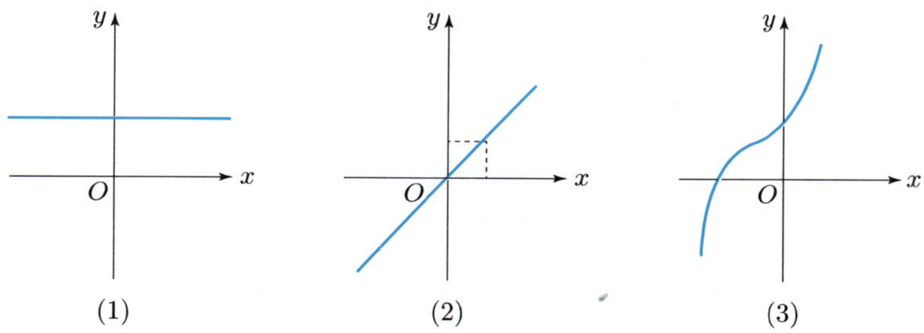

그림 2.2

예를 들어 그림 2.2의 (1)은 상수함수, (2)는 항등함수이며, 직관적으로 (1)은 단사함수가 아니고, (2)와 (3)은 전단사함수라는 것을 그림을 통해 알 수 있다. 만약 함수의 식이 구체적으로 주어진다면 다음과 같이 함수가 단사함수인지, 전사함수인지를 수학적으로 확인 할 수 있다.

예제 2.17

일차함수 $f : \mathbb{R} \to \mathbb{R}$, $f(x) = ax+b$ $(a \neq 0)$는 전단사함수이다. 만약, $f(x_1) = f(x_2)$라 가정하면

$$ax_1 + b = ax_2 + b \iff \text{(필요충분조건)} \quad ax_1 = ax_2$$
$$\iff \quad x_1 = x_2$$

가 성립하므로 함수 f는 단사함수 이다. 또한, 치역의 원소 $y \in \mathbb{R}$에 대하여

$$ax + b = y \quad \Longleftrightarrow \quad x = \frac{1}{a}(y - b)$$

이므로 $x = (y-b)/a$가 정의역 $\mathbb{R}$에 존재하여

$$f(x) = a\left(\frac{1}{a}(y-b)\right) + b = y$$

를 만족하므로 함수 f는 전사함수이다. 따라서 함수 f는 전단사함수이다.

문제 2.18

다음을 확인하시오.

(1) 함수 $g : \mathbb{R} \to \mathbb{R}$, $g(x) = x^2$는 전사함수가 아니다. 그러나 함수 $g : \mathbb{R} \to [0, \infty)$는 전사함수이다. 여기서 $[0, \infty) = \{x \in \mathbb{R} \mid x \geq 0\}$이다.

(2) 함수 $h : \mathbb{R} \to \mathbb{R}$, $h(x) = x^3$는 전단사함수이다.

정의 2.19 두 함수

$$f : X \to Y, \quad y = f(x)$$
$$g : Y \to Z, \quad z = g(y)$$

에 대하여 X의 임의의 원소 x에 Z의 원소 $g(f(x))$를 대응시키면 X를 정의역, Z를 공역으로 하는 새로운 함수를 정의할 수 있다. 이때, 이 새로운 함수를 두 함수 f와 g의 **합성함수**(composite function)라 하고, 기호로 다음과 같이 나타낸다.

$$g \circ f : X \to Z, \qquad (g \circ f)(x) = g(f(x))$$

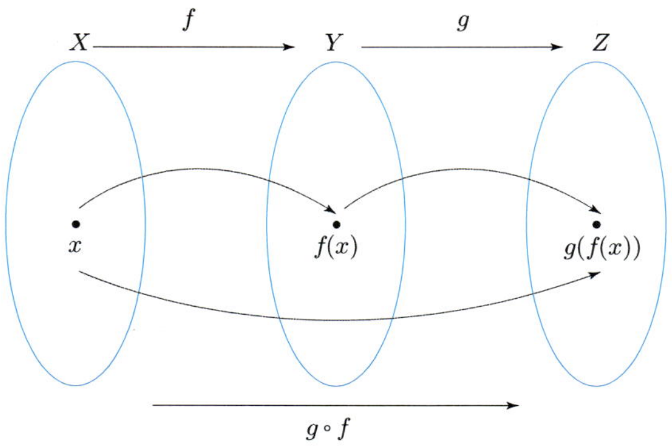

그림 2.3

예제 2.20

두 함수 $f:\mathbb{R}\to\mathbb{R}$, $f(x)=2x+1$와 $g:\mathbb{R}\to\mathbb{R}$, $g(x)=3x^2$에 대하여 합성함수 $g\circ f$와 $f\circ g$는 아래와 같이 구할 수 있다.

$$(g\circ f)(x)=g(f(x))=g(2x+1)=3(2x+1)^2=12x^2+12x+3$$
$$(f\circ g)(x)=f(g(x))=g(3x^2)=2(3x^2)+1=6x^2+1$$

따라서 $(g\circ f)(0)=3\neq 1=(f\circ g)(0)$이고 $g\circ f\neq f\circ g$이다.

문제 2.21

세 함수 $f(x)=x^2$, $g(x)=2x+1$, $h(x)=x-1$에 대하여 다음을 구하시오.

(1) $g\circ f$ (2) $f\circ g$ (3) $(h\circ g)\circ f$ (4) $h\circ(g\circ f)$

정리 2.22 함수 $f:X\to Y$, $g:Y\to Z$, $h:Z\to W$에 대하여 다음이 성립한다.

(1) $f\circ i_X=f=i_Y\circ f$ **(항등법칙)**

(2) $h\circ(g\circ f)=(h\circ g)\circ f$ **(결합법칙)**

증명 (1) 임의의 $x\in X$에 대하여

$$(f\circ i_X)(x)=f(i_X(x))=f(x),\qquad (i_Y\circ f)(x)=i_Y(f(x))=f(x)$$

이므로 $f\circ i_X=f$이고 $i_Y\circ f=f$이다.

(2) 임의의 $x\in X$에 대하여

$$(h\circ(g\circ f))(x)=h((g\circ f)(x))=h(g(f(x)))$$
$$((h\circ g)\circ f)(x)=(h\circ g)(f(x))=h(g(f(x)))$$

이므로 $h\circ(g\circ f)=(h\circ g)\circ f$이다. ■

정리 2.22의 (2)에서 $h\circ(g\circ f)=(h\circ g)\circ f$가 성립하므로 괄호를 생략하여 간단히 $h\circ g\circ f$와 같이 나타내기도 한다.

정의 2.23 함수 $f:X\to Y, y=f(x)$가 전단사함수이면 Y의 임의의 원소 y에 $f(x)=y$를 만족시키는 X의 원소 x가 유일하게 존재한다. 따라서 임의의 원소 $y\in Y$에 $f(x)=y$를 만족하는 $x\in X$를 대응시켜 Y를 정의역, X를 공역으로 하는 함수를 정의할 수 있다. 이 함수를 f의 **역함수**(inverse function)라 하고,

이것을 기호로 f^{-1}로 표시한다. 즉,

$$f^{-1} : Y \to X, \quad x = f^{-1}(y)$$

정의 2.23로부터 함수 f와 f^{-1} 사이에는 다음과 같은 관계가 성립한다.

$$y = f(x) \iff x = f^{-1}(y)$$

일반적으로 함수를 나타낼 때, 정의역에 속하는 원소를 x, 공역에 속하는 원소를 y로 표시하므로 함수 $y = f(x)$의 역함수 $x = f^{-1}(y)$의 경우도 x와 y를 바꾸어

$$y = f^{-1}(x)$$

로 나타낸다. 따라서, 함수 $y = f(x)$의 역함수 $y = f^{-1}(x)$는 다음과 같다.

$$\begin{aligned} y = f(x) \quad &\Rightarrow \quad x = f(y) \quad (x\text{와 } y\text{를 바꾼다}) \\ &\Rightarrow \quad y = f^{-1}(x) \quad (y\text{에 대하여 푼다}) \end{aligned}$$

예제 2.24

함수 $f : \mathbb{R} \to \mathbb{R}$, $f(x) = 2x + 1$의 역함수를 구하여보자. 먼저, 함수 $y = f(x)$가 단사, 전사함수(즉 전단사함수)임을 쉽게 확인할 수 있다. 위에서와 같이

$$\begin{aligned} y = 2x + 1 \quad &\Rightarrow \quad x = 2y + 1 \quad (x\text{와 } y\text{를 바꾼다}) \\ &\Rightarrow \quad y = \frac{x}{2} - \frac{1}{2} \quad (y\text{에 대하여 푼다}) \end{aligned}$$

따라서 $f^{-1}(x) = \dfrac{x}{2} - \dfrac{1}{2}$이다.

정리 2.25 함수 $f : X \to Y$, $y = f(x)$가 전단사함수이면

$$f^{-1} \circ f = I_X, \quad f \circ f^{-1} = I_Y$$

가 성립한다.

증명 역함수의 정의로부터 $y = f(x) \Leftrightarrow x = f^{-1}(y)$이므로 모든 $x \in X$에 대하여

$$(f^{-1} \circ f)(x) = f^{-1}(f(x)) = f^{-1}(y) = x = I_X$$

가 성립한다. 따라서 $f^{-1} \circ f = I_X$이다. 유사하게 $f \circ f^{-1} = I_Y$가 성립함을 증명할 수 있다 (연습문제 8번). ■

정리 2.26 전단사함수 $f : X \to Y$에 대하여

$$g \circ f = I_X, \quad f \circ g = I_Y \tag{2.1}$$

를 만족하는 함수 $g : Y \to X$는 유일하게 f^{-1}뿐이다.

증명 정리 2.25로부터 함수 $g = f^{-1}$는 (2.1)을 만족한다. 그러므로 유일성을 증명하기 위하여 함수 $g : Y \to X$가 식 (2.1)을 만족한다고 가정하면 정리 2.22의 (1)로부터

$$\begin{aligned} g &= g \circ I_Y = g \circ (f \circ f^{-1}) = (g \circ f) \circ f^{-1} = I_X \circ f^{-1} \\ &= f^{-1} \end{aligned}$$

이 성립한다. 따라서 $g = f^{-1}$이다. ■

예제 2.27

두 함수 f, g가 다음과 같을 때, 아래의 물음에 답하시오.

$$f(x) = 2x - 5, \quad g(x) = -3x + 2$$

(1) 역함수 $f^{-1}(x)$, $g^{-1}(x)$를 각각 구하고, $(f^{-1} \circ g^{-1})(x)$를 구하시오.

(2) 합성함수 $(g \circ f)(x)$와 그 역함수 $(g \circ f)^{-1}(x)$를 각각 구하시오.

(3) 모든 실수 x에 대하여 $(f^{-1} \circ g^{-1})(x) = (g \circ f)^{-1}(x)$가 성립함을 확인하시오.

풀이 (1) 함수 $y = 2x - 5$에서 x와 y를 바꾸면 $x = 2y - 5$이고, 이 식에서 y를 구하면 $y = (x + 5)/2$이다. 따라서 함수 f의 역함수는 $f^{-1}(x) = (x + 5)/2$이다. 유사하게 함수 g의 역함수는 $g^{-1}(x) = -(x - 2)/3$이다. 따라서

$$\begin{aligned} (f^{-1} \circ g^{-1})(x) &= f^{-1}(g^{-1}(x)) = \frac{1}{2}\left(g^{-1}(x) + 5\right) = \frac{1}{2}\left(-\frac{x-2}{3} + 5\right) \\ &= -\frac{1}{6}(x - 17) \end{aligned}$$

이다.

(2) 정의로부터

$$(g \circ f)(x) = g(f(x)) = -3f(x) + 2 = -3(2x - 5) + 2 = -6x + 17$$

이고, (1)과 같은 방법으로 $g \circ f$의 역함수를 구하면 $(g \circ f)^{-1}(x) = -(x - 17)/6$이다.

(3) (1)과 (2)에 의하여 $(f^{-1} \circ g^{-1})(x) = (g \circ f)^{-1}(x)$이 성립한다. ■

참고 2.28

다음은 역함수에 관한 정리들이다.

(1) 함수 $f : X \to Y$가 전단사함수이면, 그 역함수 $f^{-1} : Y \to X$도 전단사함수이다.

(2) 두 함수 $f : X \to Y$와 $g : Y \to Z$가 전단사함수이면 $g \circ f : X \to Z$도 전단사함수이고

$$(g \circ f)^{-1} = f^{-1} \circ g^{-1} \tag{2.2}$$

이다. 실제로 정리 2.22과 정리 2.25로부터

$$\begin{aligned}(g \circ f) \circ (f^{-1} \circ g^{-1}) &= g \circ (f \circ f^{-1}) \circ g^{-1} = g \circ I_Y \circ g^{-1} = g \circ g^{-1} \\ &= I_Z, \\ (f^{-1} \circ g^{-1}) \circ (g \circ f) &= f^{-1} \circ (g^{-1} \circ g) \circ f = f^{-1} \circ I_Y \circ f = f^{-1} \circ f \\ &= I_X\end{aligned}$$

가 성립한다. 그러므로 역함수의 유일성(정리 2.1)로부터 (2.2)가 성립한다.

(3) 함수 $y = f(x)$와 역함수 $y = f^{-1}(x)$의 그래프는 직선 $y = x$에 대하여 대칭이다.

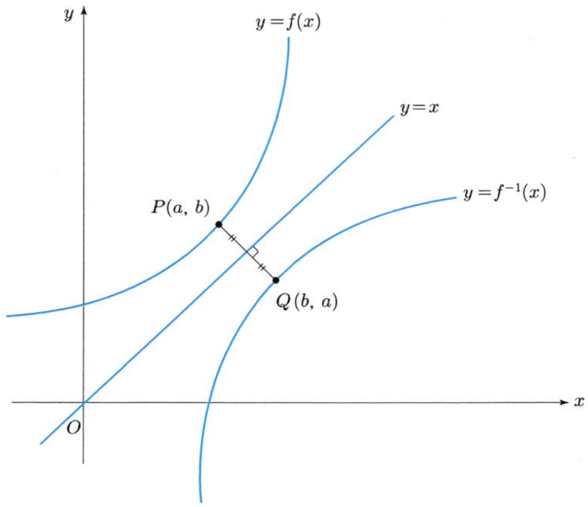

그림 2.4

정의 2.29 함수 $f : \mathbb{R} \to \mathbb{R}$에 대하여

(1) 모든 실수 x에 대하여

$$f(-x) = f(x)$$

을 만족하면, 함수 f를 **우함수**(even function)라 한다.

(2) 모든 실수 x에 대하여

$$f(-x) = -f(x)$$

을 만족하면, 함수 f를 **기함수**(odd function)라 한다.

예제 2.30

(1) 함수 $f(x) = |x|$는 우함수이다.

(2) 함수 $g(x) = x^n$(단, n은 양의 정수)는 n이 짝수이면 우함수이고, n이 홀수이면 기함수이다.

(3) 함수 $h(x) = x^2 + x$는 우함수도 기함수도 아니다.

예제 2.31

모든 실수에서 정의 되는 두 함수 f, g와 주 실수 α, β에 대하여

(1) 두 함수 f, g가 우함수이면, 함수 $\alpha f + \beta g$와 fg도 우함수이다.

(2) 두 함수 f, g가 기함수이면, 함수 $\alpha f + \beta g$는 기함수이고 fg는 우함수이다.

(2) 두 함수 f, g 중에 한 함수가 우함수이고 나머지 함수가 기함수이면, 함수 fg가 기함수이다.

임의의 함수 $f : \mathbb{R} \to \mathbb{R}$에 대하여 $\dfrac{f(x) + f(-x)}{2}$는 우함수, $\dfrac{f(x) - f(-x)}{2}$는 기함수이고

$$f(x) = \frac{f(x) + f(-x)}{2} + \frac{f(x) - f(-x)}{2}$$

이다. 즉, 모든 함수 $f : \mathbb{R} \to \mathbb{R}$는 우함수와 기함수의 합으로 표현된다. 또한, 이 표현법이 유일하다는 것을 보일 수 있다. (연습문제 11번)

2.1 연습문제

1. $f : [-5, 10] \to \mathbb{R}$, $f(x) = x^2$ 인 함수에 대하여 다음의 물음에 답하시오.

(1) 함숫값 $f(-5)$, $f(0)$, $f(3)$, $f(5)$, $f(10)$을 구하시오.

(2) f의 정의역, 공역과 치역을 구하시오.

2. 집합 $X = \{x : x$는 10이하의 자연수$\}$에 대하여 함수 $f : X \to X$을

$$f(x) = (x\text{의 양의 약수의 개수})$$

로 정의할 때, 다음 물음에 답하시오.

(1) 함수 $f(x)$의 치역을 구하시오.

(2) 집합 $A = \{x \in X : f(x) = 2\}$를 구하시오.

3. 함수 f의 그래프가

$$G(f) = \{(x+1, x^2+1) \mid x \geq 0\}$$

로 주어져 있을 때, 다음에 답하시오.

(1) 함수 f의 정의역과 치역을 구하시오.

(2) 그래프가 $G(g) = \{(x, x^2 - 2x + 2) \mid x \geq -1\}$인 함수 g에 대하여 $f = g$임을 증명하시오.

4. 두 함수 $f(x) = 3x + 2$, $g(x) = 2x - 1$에 대하여 다음 물음에 답하시오.

(1) $(f \circ g)(3)$을 구하시오.

(2) $(g \circ f)(x) = 9$가 되는 x의 값을 구하시오.

(3) $(g \circ h)(x) = f(x)$를 만족하는 $h(x)$를 구하시오.

(4) $(k \circ f)(x) = g(x)$를 만족하는 $k(x)$를 구하시오.

5. 두 함수 $f(x) = 2x - 3$, $g(x) = x - 2$에 대하여 다음 물음에 답하시오.

(1) 역함수 f^{-1}, g^{-1}을 구하시오.

(2) $f^{-1}(3)$의 값을 구하시오.

(3) $g^{-1}(x) = 4$를 만족하는 x를 구하시오.

6. 실수 전체집합 $\mathbb{R}$에서 정의된 다음 함수 중에서 역함수가 존재하는 것을 모두 찾으시오.

(1) $f(x) = |x|$ (2) $f(x) = -x^2$

(3) $f(x) = -2x + 5$ (4) $f(x) = -1$

7. 두 함수 f, g를 각각 $f(x) = 2x + 3,\ g(x) = 3x + a$로 정의할 때, 다음 물음에 답하시오.

(1) $g \circ f = f \circ g$를 만족시키는 상수 a를 구하시오.

(2) $f(g(2)) = 4$를 만족시키는 상수 a를 구하시오.

8. 함수 $f : X \to Y,\ y = f(x)$가 전단사함수일 때, $f \circ f^{-1} = I_Y$가 성립함을 증명하시오.

9. 함수 $f : X \to Y$가 전단사함수이면, 그 역함수 $f^{-1} : Y \to X$도 전단사함수임을 증명하시오.

10. 두 함수 $f : X \to Y$와 $g : Y \to Z$가 전단사함수이면 $g \circ f : X \to Z$도 전단사함수임을 증명하시오.

11. 임의의 함수 $f : \mathbb{R} \to \mathbb{R}$에 대하여

(1) 함수 $\dfrac{f(x) + f(-x)}{2}$가 우함수임을 증명하시오.

(2) 함수 $\dfrac{f(x) - f(-x)}{2}$가 기함수임을 증명하시오.

(3) 함수 f가

$$f(x) = f_{\text{even}}(x) + f_{\text{odd}}(x)$$

으로 표현될 때, $f_{\text{even}}(x) = \dfrac{f(x) + f(-x)}{2}$이고 $f_{\text{odd}}(x) = \dfrac{f(x) - f(-x)}{2}$임을 증명하시오. 여기서 f_{even}는 우함수를 f_{odd}는 기함수를 나타낸다.

2.2 지수함수와 로그함수

2.2.1 지수와 로그

정의 2.32 실수 a를 n번 곱한 것을 a의 n **제곱**(square) 또는 **거듭제곱**이라 하고 a^n으로 표시하며, a를 거듭제곱의 **밑**(base), n을 거듭제곱의 **지수**(exponent)라고 한다. 역으로, n제곱하여 a가 되는 수를 a의 n **제곱근**(square root)이라 한다.

n이 짝수인 경우에는 양수 a의 n제곱근은 두개 있는데 양수인 것을 $\sqrt[n]{a}$, 음수인 것을 $-\sqrt[n]{a}$로 표시한다. 음수의 n제곱근은 실수 중에 존재하지 않는다. 예를 들면, 16의 4제곱근은 $\sqrt[4]{16}=2$와 $-\sqrt[4]{16}=-2$이다.

n이 홀수인 경우 a가 양수 또는 음수에 상관없이 그 제곱근은 한 개이고, 이를 $\sqrt[n]{a}$로 표시한다. 예로써, $\sqrt[5]{32}=2$이고 $\sqrt[5]{-32}=-2$이다.

예제 2.33

(1) 실수 a, b와 자연수 m, n에 대하여 다음 등식이 성립한다.

$$a^m a^n = a^{m+n}, \quad (a^m)^n = a^{mn}, \quad (ab)^n = a^n b^n.$$

(2) 모든 양의 실수 a와 자연수 n에 대하여, n제곱근의 정의로부터 $(\sqrt[n]{a})^n = a$가 성립한다.

정리 2.34 $a>0$, $b>0$이고, m, n, p가 양의 정수일 때, 다음의 공식이 성립한다.

(1) $\sqrt[n]{a}\sqrt[n]{b} = \sqrt[n]{ab}$

(2) $\dfrac{\sqrt[n]{a}}{\sqrt[n]{b}} = \sqrt[n]{\dfrac{a}{b}}$

(3) $(\sqrt[n]{a})^m = \sqrt[n]{a^m}$

(4) $\sqrt[np]{a^{mp}} = \sqrt[n]{a^m}$

(5) $\sqrt[m]{\sqrt[n]{a}} = \sqrt[n]{\sqrt[m]{a}} = \sqrt[mn]{a}$

증명 (1) n 제곱근의 정의로부터

$$\left(\sqrt[n]{a}\sqrt[n]{b}\right)^n = (\sqrt[n]{a})^n\left(\sqrt[n]{b}\right)^n = ab$$

이므로 $\sqrt[n]{a}\sqrt[n]{b}$은 ab의 n 제곱근이다, 즉 $\sqrt[n]{a}\sqrt[n]{b} = \sqrt[n]{ab}$가 성립한다.

(3) n 제곱근의 정의로부터

$$\left((\sqrt[n]{a})^m \right)^n = \left(\sqrt[n]{a} \right)^{mn} = \left((\sqrt[n]{a})^n \right)^m = a^m$$

이므로 $(\sqrt[n]{a})^m$ 은 a^m 의 n 제곱근이다, 즉 $(\sqrt[n]{a})^m = \sqrt[n]{a^m}$ 이 성립한다. 나머지 (2), (4)와 (5)의 증명도 유사하게 할 수 있다. ■

예제 2.35

다음을 계산하여 보자.

(1) $\sqrt[3]{2} \cdot \sqrt[3]{4} = \sqrt[3]{2 \times 4} = \sqrt[3]{8} = \sqrt[3]{2^3} = (\sqrt[3]{2})^3 = 2$

(2) $\dfrac{\sqrt[3]{2}}{\sqrt[3]{16}} = \sqrt[3]{\dfrac{2}{16}} = \sqrt[3]{\dfrac{1}{8}} = \sqrt[3]{\left(\dfrac{1}{2}\right)^3} = \dfrac{1}{2}$

(3) $(\sqrt[3]{2})^6 = \sqrt[3]{2^6} = \sqrt[3]{4^3} = (\sqrt[3]{4})^3 = 4$

(4) $\sqrt{\sqrt[3]{64}} = \sqrt[2\times 3]{2^6} = (\sqrt[6]{2})^6 = 2$

양의 실수 a와 자연수 n에 대하여, $(\sqrt[n]{a})^n = a$가 성립하므로 $a^{\frac{1}{n}}$ 을

$$a^{\frac{1}{n}} = \sqrt[n]{a}$$

이라 정의한다. 또한, 정리 2.34의 제곱근의 성질로부터 실수 a와 자연수 m, n에 대하여 $a^{\frac{m}{n}}$ 은

$$a^{\frac{m}{n}} = \left(\sqrt[n]{a} \right)^m = \sqrt[n]{a^m}$$

으로 정의한다. 모든 양의 유리수 q는 적당한 자연수 m, n에 대하여 $q = \frac{m}{n}$ 으로 표시할 수 있으므로 양의 실수 a에 대하여 a^q과 a^{-q}은

$$a^q = a^{\frac{m}{n}}, \qquad a^{-q} = (a^q)^{-1} = \frac{1}{a^{\frac{m}{n}}}$$

으로 정의된다. 한편, 임의의 실수 x에 대하여 유리수들의 수열 $\{q_n\}_{n=1}^{\infty}$ 이 존재하여 수열 $\{q_n\}_{n=1}^{\infty}$ 이 x로 수렴하고, 양의 실수 a에 대하여 수열 $\{a^{q_n}\}_{n=1}^{\infty}$ 이 적당한 하나의 실수로 수렴함을 증명할 수 있다. 따라서 수열 $\{a^{q_n}\}_{n=1}^{\infty}$ 이 수렴하는 실수를 a^x 로 정의한다, 즉

$$a^x = \lim_{n \to \infty} a^{q_n}$$

으로 정의한다. 또한, 모든 실수 a에 대하여 $a^0 = 1$로 정의한다. 지수 x가 실수인 a^x 를 정의하기 위하여 극한의 개념을 사용하였는데, 이 극한의 개념은 3장에서 자세히 다루기로 하자.

정리 2.36 양수 $a > 0, b > 0$와 임의의 실수 x, y에 대하여 다음의 공식이 성립한다.

(1) $a^x a^y = a^{x+y}$ (2) $a^x b^x = (ab)^x$

(3) $(a^x)^y = a^{xy}$ (4) $\frac{1}{a^x} = a^{-x}$

정의 2.37 $a > 0, a \neq 1, N > 0$인 실수 a, N에 대하여 $a^m = N$을 만족하는 실수 m은 유일하게 존재하는데, m을 $\log_a N$으로 나타낸다. 이 때, a는 **밑**(base), N은 $\log_a N$의 **진수**(anti-logarithm)라 하고, $m = \log_a N$은 a를 밑으로 하는 N의 **로그**(logarithm)라 한다.[1]

예제 2.38

$\log_4 \frac{1}{32}$을 다음의 방법으로 구할 수 있다.

$m = \log_4 \frac{1}{32}$은 로그의 정의에 의해 $4^m = \frac{1}{32}$, 즉 $2^{2m} = 2^{-5}$을 만족하므로 $\log_4 \frac{1}{32} = -\frac{5}{2}$이다.

다음 로그의 기본적인 성질은 로그의 계산에 매우 유용하다.

정리 2.39 $a > 0, a \neq 1, x > 0, y > 0$이고, m, n이 실수이면 다음이 성립한다.

(1) $\log_a 1 = 0, \log_a a = 1$ (2) $\log_a xy = \log_a x + \log_a y$

(3) $\log_a \frac{x}{y} = \log_a x - \log_a y$ (4) $\log_a x^n = n \log_a x$

추가로 b, c가 1이 아닌 양수이고, $n \neq 0$라면 다음이 성립한다.

(5) $\log_a b = \frac{\log_c b}{\log_c a}$ (6) $\log_a b \log_b c = \log_a c, \quad \log_a b = \frac{1}{\log_b a}$

(7) $a^{\log_b x} = x^{\log_b a}$ (8) $\log_{a^n} b^m = \frac{m}{n} \log_a b$

증명 대부분 로그의 정의에 의해 쉽게 증명할 수 있는데, 여기서는 (2), (5), (6), (7)에 대해서만 증명한다.

(2) $\log_a x = m, \log_a y = n$이라 놓으면, 로그의 정의로부터 $a^m = x, a^n = y$

[1] 정의로부터 $a^{\log_a N} = a^m = N$이 성립한다.

이다. 따라서

$$xy = a^m a^n = a^{m+n}$$

이 성립하고, $\log_a xy = m + n = \log_a x + \log_a y$가 성립한다.

(5) $\log_a b = m$이라 놓으면, $a^m = b$이다. 양변에 밑을 c로 하는 로그를 취하면 $\log_c a^m = \log_c b$이므로 (4)에 의하여

$$m \log_c a = \log_c b$$

이다. 따라서

$$m = \frac{\log_c b}{\log_c a}, \quad 즉 \ \log_a b = \frac{\log_c b}{\log_c a}.$$

(6) $\log_a b = x$, $\log_b c = y$라 놓으면, 로그의 정의로부터 $a^x = b$, $b^y = c$이다. 따라서

$$a^{xy} = (a^x)^y = b^y = c \quad \Leftrightarrow \quad \log_a c = xy = \log_a b \log_b c$$

가 성립한다. 특별히, $\log_a b \log_b a = \log_a a = 1$이므로 $\log_a b = \dfrac{1}{\log_b a}$이다.

(7) $a^{\log_b x} = z$라 놓으면, 로그의 정의로부터 $\log_b x = \log_a z$이고, $x = b^{\log_a z}$이다. 따라서 (6)에 의하여

$$x^{\log_b a} = b^{\log_a z \log_b^a} = b^{\log_b z} = z = a^{\log_b x}$$

가 성립한다. ■

예제 2.40

로그의 성질을 이용하여 다음의 로그값을 간단히 할 수 있다.

(1) $\log_2 6 = \log_2(2 \times 3) = \log_2 2 + \log_2 3 = 1 + \log_2 3$

(2) $\log_3 \dfrac{1}{9} = \log_3 1 - \log_3 3^2 = -2$

(3) $\log_7 \sqrt{7} = \log_7 7^{\frac{1}{2}} = \dfrac{1}{2} \log_7 7 = \dfrac{1}{2}$

(4) $8^{\log_2 3} = 3^{\log_2 8} = 3^{\log_2 2^3} = 3^3 = 27$

(5) $\log_{2^3} 4^5 = \dfrac{5}{3} \log_2 4 = \dfrac{5}{3} \log_2 2^2 = \dfrac{5}{3} \times 2 = \dfrac{10}{3}$

2.2.2 지수함수

정의 2.41 a가 1이 아닌 양의 실수일 때[2], 함수

$$\mathbb{R} \ni x \quad \longmapsto \quad y = a^x \in (0, \infty)$$

를 밑이 a인 x의 **지수함수**(exponential function)라 한다.

임의의 실수 x에 대하여 a^x는 항상 양수이고, $a^0 = 1$이다. 따라서 $\mathbb{R}^2$ 평면에서 지수함수 $y = a^x$의 그래프는 x축의 위쪽에 있고, 항상 점 $(0, 1)$을 지난다.

[1] $a > 1$인 경우 지수함수 $y = a^x$은 증가함수이고 x가 한없이 커지면 y도 한없이 커지고, x가 한없이 작아지 y는 한없이 0에 가까워진다.

[2] $0 < a < 1$인 경우 지수함수 $y = a^x$은 감소함수이고 x가 한없이 커지면 y는 한없이 0에 가까워지고, x가 한없이 작아지면 y는 한없이 커진다.

참고 2.42

(1) 실수 전체에서 정의되어 있는 함수 f에 대하여, 두 함수 $y = f(x)$와 $y = f(-x)$의 그래프를 비교하여 보자. $y = f(x)$ 그래프 위의 점 $(a, f(a))$에 대하여, 점 $(-a, f(a))$는 $y = f(-x)$ 그래프 위의 점이고, 두 점 $(a, f(a))$와 $(-a, f(a))$는 y축 대칭이다. 따라서, $y = f(x)$의 그래프와 $y = -f(x)$의 그래프는 y축에 대하여 대칭이다. 만약, 함수 f가 우함수, 즉 $f(x) = f(-x)$이면, 점 $(-a, f(a)) = (-a, f(-a))$는 $y = f(x)$ 위의 점이므로, 우함수의 그래프는 y축에 대하여 대칭이다.

(2) 주어진 함수 f에 대하여, 두 함수 $y = f(x)$와 $y = -f(x)$의 그래프를 비교하여 보자. 점 $(a, f(a))$가 $y = f(x)$의 그래프 위의 점이면, $(a, -f(a))$는 $y = -f(x)$의 그래프 위의 점이고, 두 점은 x축에 대칭이므로, 두 그래프는 x축에 대칭이다.

(3) 실수 전체에서 정의되어 있는 함수 f에 대하여 두 함수 $y = f(x)$와 $y = -f(-x)$의 그래프를 비교하여 보자. 점 $(a, f(a))$가 $y = f(x)$ 그래프 위의 점이면, 점 $(-a, -f(a))$는 $y = -f(-x)$의 그래프 위의 점이고, 두 점은 원점에 대칭이므로, 두 그래프는 원점에 대칭이다. 만약, 함수 f가 기함수이면, 즉 $f(x) = -f(-x)$이면, 점 $(-a, -f(a)) = (-a, f(-a))$는 $y = f(x)$ 그래프 위의 점이므로, 기함수의 그래프는 원점에 대하여 대칭이다.

[2] 지수함수를 생각할 때 밑에 대한 조건을 언급하지 않아도 밑은 항상 1이 아닌 양수이다.

예제 2.43

위 참고로부터 1이 아닌 양의 상수 a에 대하여 다음 사실을 알 수 있다.

(1) 지수함수 $y = a^x$와 $y = a^{-x}$는 y축에 대칭인 그래프를 갖는다.

(2) 지수함수 $y = a^x$와 $y = -a^x$는 x축에 대칭인 그래프를 갖는다.

(3) 지수함수 $y = a^x$와 $y = -a^{-x}$는 원점에 대칭인 그래프를 갖는다.

1이 아닌 양의 상수 a에 대하여, $a^{-1} = b$라 하면, 지수함수 $y = a^x$는 $y = a^x = (a^{-1})^{-x} = b^{-x}$가 된다. 그러므로 지수함수 $y = a^x$의 그래프는 지수함수 $y = b^x$의 그래프를 그리고 이것을 y축에 대칭시킴으로써 그릴 수 있다. 따라서 지수함수 $y = a^x$의 그래프는 다음 그림과 같다.

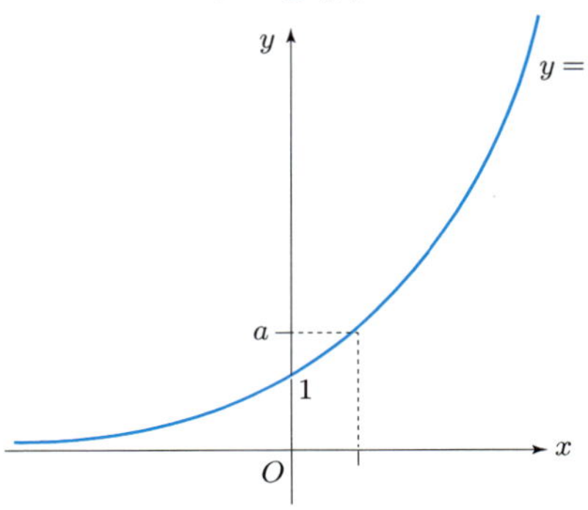

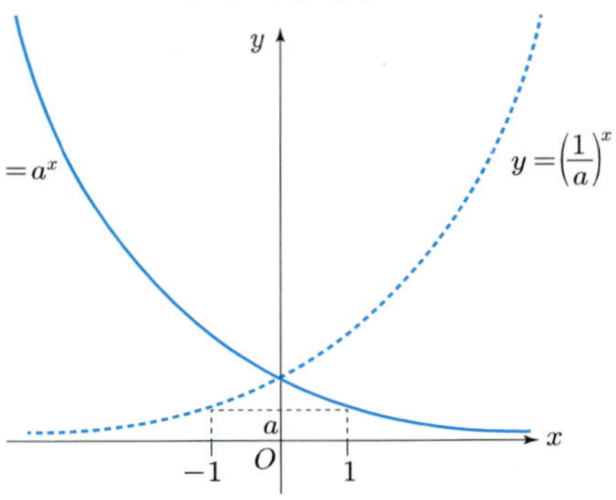

그림 2.5

지수함수 $y = a^x$ $(a \neq 1, a > 0)$은 다음 성질을 가진다.

정리 2.44 1이 아닌 양의 실수 $a > 0$에 대하여

(1) $y = a^x$의 정의역은 실수 전체 집합이고 치역은 양의 실수 전체의 집합이다.

(2) $a > 1$일 때, $y = a^x$은 x의 값이 증가하면 y의 값도 증가하는 증가함수이다.

(3) $0 < a < 1$일 때, $y = a^x$은 x의 값이 증가하면 y의 값은 감소하는 감소함수이다.

(4) $y = a^x$의 그래프는 점 $(0, 1)$과 $(1, a)$를 지나고, x축이 그것의 점근선이다.

(5) $y = a^x$와 $y = (1/a)^x$의 그래프는 y축에 대하여 서로 대칭이다.

2.2.3 로그함수

양의 실수 x를 $\log_a x$ ($a > 0$, $a \neq 1$인 실수)로 대응 시키면, 그 값은 유일하게 정해지므로 $y = \log_a x$는 양의 실수 전체의 집합을 정의역으로 하는 x의 함수가 된다.

정의 2.45 양의 실수 x를 $\log_a x$ ($a > 0$, $a \neq 1$인 실수[3])로 대응시키는 함수, 즉 $y = \log_a x$를 밑이 a인 **로그함수**(logarithmic function)라 한다.

지수함수와 로그함수는 서로 역함수 관계에 있다. 지수함수 $y = a^x$는 실수 전체의 집합에서 양의 실수 전체의 집합으로의 일대일대응이므로, 역함수가 존재한다. 역함수를 구하기 위하여 $y = a^x$에서 x와 y를 바꾸면, $x = a^y$가 되고, 로그의 정의에 의하여 $y = \log_a x$이다. 로그함수 $y = \log_a x$와 지수함수 $y = a^x$의 그래프는 직선 $y = x$에 대하여 대칭이다.

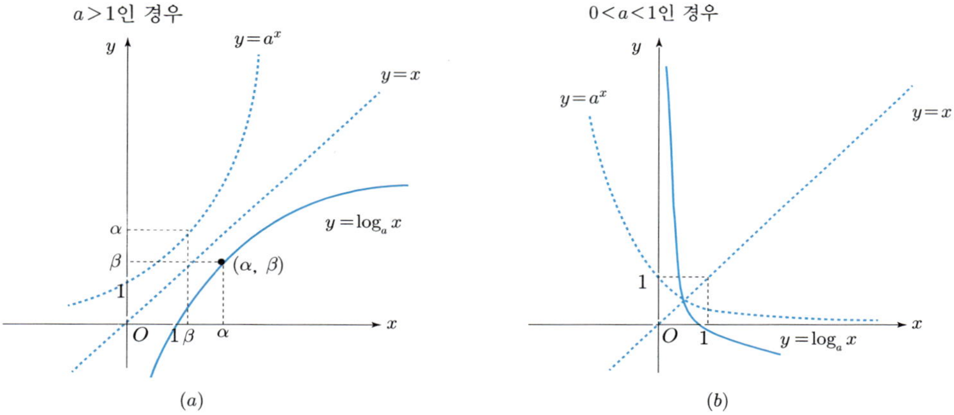

그림 2.6

로그함수 $y = \log_a x$ ($a \neq 1$, $a > 0$)은 다음 성질을 가진다.

정리 2.46 1이 아닌 양의 실수 $a > 0$에 대하여

(1) $y = \log_a x$의 정의역은 양의 실수 전체의 집합이고, 치역은 실수 전체 집합이다.

(2) $a > 1$일 때, $y = \log_a x$는 x의 값이 증가하면 y의 값도 증가하는 증가함수이다.

(3) $0 < a < 1$일 때, $y = \log_a x$는 x의 값이 증가하면 y의 값은 감소하는

---

[3] 지수함수와 마찬가지로 로그함수를 생각할 때 밑에 대한 조건을 언급하지 않아도 밑은 항상 1이 아닌 양수이다.

감소함수이다.

(4) $y = \log_a x$의 그래프는 점 $(1, 0)$과 $(a, 1)$를 지나고, y축이 그것의 점근선이다.

(5) $y = \log_a x$의 그래프는 $y = a^x$의 그래프와 직선 $y = x$에 대하여 대칭이다.

2.2 연습문제

1. 다음값을 구하시오.

(1) $\sqrt[3]{2^{\frac{3}{2}}}$　　(2) $\sqrt[4]{\sqrt[3]{16}} \times \sqrt{\sqrt[3]{16}}$

(3) $\sqrt[4]{2^3} \div \sqrt[4]{2} \times \sqrt[3]{2}$　　(4) $\log_{\frac{1}{4}} 8$

(5) $\log_3 4 \times \log_4 9$　　(6) $\log_{0.2} 25$

2. $a > 0,\ b > 0$이고, $m,\ n,\ p$가 양의 정수일 때, 다음이 성립함을 증명하시오.

(1) $\dfrac{\sqrt[n]{a}}{\sqrt[n]{b}} = \sqrt[n]{\dfrac{a}{b}}$　　(2) $\sqrt[np]{a^{mp}} = \sqrt[n]{a^m}$

(3) $\sqrt[m]{\sqrt[n]{a}} = \sqrt[n]{\sqrt[m]{a}} = \sqrt[mn]{a}$

3. $a > 0,\ a \neq 1,\ x > 0,\ y > 0$이고, $m,\ n$이 실수일 때, 다음이 성립함을 증명하시오.

(1) $\log_a 1 = 0,\ \log_a a = 1$

(2) $\log_a \dfrac{x}{y} = \log_a x - \log_a y$

(3) $\log_a x^n = n \log_a x$

b가 1이 아닌 양수이고, $n \neq 0$일 때

(4) $\log_{a^n} b^m = \dfrac{m}{n} \log_a b$

4. $2^x = 27, 18^y = 9$일 때, $\dfrac{3}{x} - \dfrac{2}{y}$의 값을 구하시오.

5. $a^{2x} = 3$일 때, $\dfrac{a^x - a^{-x}}{a^x + a^{-x}}$의 값을 구하시오.

6. 지수함수 $y=2^x$ 의 그래프를 이용하여 다음 함수의 그래프를 그리시오.

(1) $y=2^{x-1}+1$ (2) $y=2^{|x|}$

7. $\log_2 3=a$, $\log_3 5=b$일 때, $\log_{10} 25$를 a, b로 나타내시오.

8. 로그함수 $y=\log_2 x$의 그래프를 이용하여 다음 함수의 그래프를 그리시오.

(1) $y=-\log_2(-x)$ (2) $y=\log_2(x+2)+1$

9. $5^{3\log_5 10+\log_{\frac{1}{5}} 2+\log_5 10^{-1}}$ 을 간단히 하시오.

2.3 삼각함수

2.3.1 삼각함수의 정의

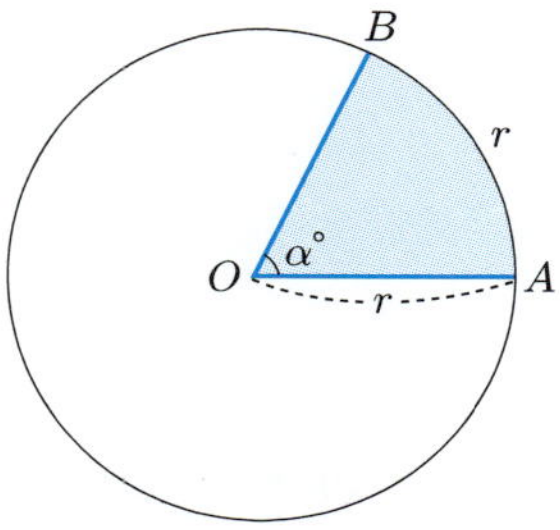

그림 2.7

원에서 부채꼴의 호의 길이는 부채꼴의 중심각의 크기에 비례하는데, 그림 2.7과 같이 반지름의 길이가 r인 원에서 호의 길이가 r인 부채꼴 OAB의 중심각을 $\alpha°$라 하면 다음이 성립한다.

$$2\pi r : r = 360° : \alpha°$$

$$\alpha° = \frac{180°}{\pi} \approx 57°17'45''$$

따라서, 반지름이 r인 원에서 호의 길이가 반지름 r과 같은 부채꼴의 중심각의 크기 $\alpha°$는 반지름의 길이 r에 관계없이 일정하다. 이 일정한 각의 크기 $\frac{180°}{\pi}$를 1 **라디안**(radian)이라 하고, 이를 단위로 각의 크기를 나타내는 방법을 **호도법**(circular measure)이라고 한다. 육십분법과 호도법 사이에는 다음과 같은 관계가 성립한다.

$$1\text{라디안} = \frac{180°}{\pi}, \quad 1° = \frac{\pi}{180}\text{라디안}$$

흔히 사용되는 각인 특수각에 대한 라디안 표시는 다음과 같다.

$$30° = \frac{\pi}{6}, \quad 45° = \frac{\pi}{4}, \quad 60° = \frac{\pi}{3}, \quad 90° = \frac{\pi}{2}$$

삼각함수는 삼각비를 확장하여 정의하는데, 이를 위해 좌표평면 위에서 원점을 중심으로 반지름이 r인 원을 생각하자. θ가 양수인 경우, 그림 2.8에서와 같이 원에서 x축의 양의 방향을 시초선으로 하여 크기가 θ라디안인 각을 시계 반대방향으로 만들어 그 동경과 원의 교점을 P라 하자. θ가 음수인 경우, 시초선으로부터 크기가 $|\theta|$ 라디안인 각을 시계방향으로 만들어 그 동경과 원의 교점을 P라 하자. θ가 주어지면 점 P가 결정되므로, P의 좌표도 유일하게 정해진다.

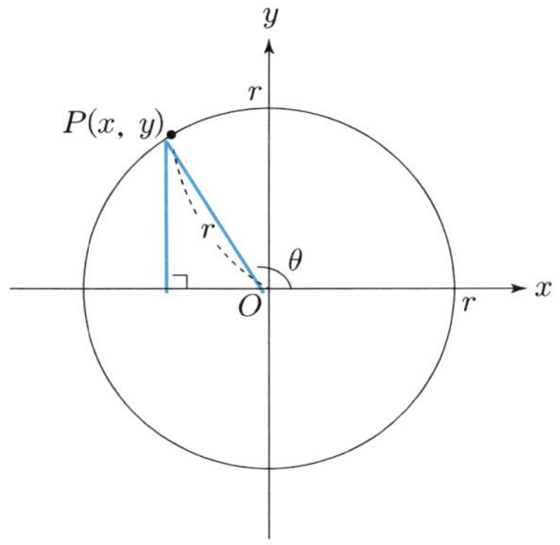

그림 2.8

점 P의 좌표를 (x, y)라 할 때, 일반각 θ에 대한 **삼각함수**(trigonometric function)는 다음과 같이 정의한다.[4]

$$\sin\theta = \frac{y}{r}, \quad \cos\theta = \frac{x}{r}, \quad \tan\theta = \frac{y}{x}$$
$$\csc\theta = \frac{r}{y}, \quad \sec\theta = \frac{r}{x}, \quad \cot\theta = \frac{x}{y}$$

삼각함수의 값의 부호는 동경이 몇 사분면에 있는 가에 따라 x좌표와 y좌표의 부호에 의해 정해진다. 각 사분면에서 삼각함수의 부호를 살펴보면 다음과 같다.

삼각함수	제1사분면	제2사분면	제3사분면	제4사분면
$\sin\theta, \csc\theta$	$+$	$+$	$-$	$-$
$\cos\theta, \sec\theta$	$+$	$-$	$-$	$+$
$\tan\theta, \cot\theta$	$+$	$-$	$+$	$-$

한편, 삼각함수의 정의로부터 $x = r\cos\theta$와 $y = r\sin\theta$이 성립함을 알 수 있는데, 이를 통해 다음을 알 수 있다.

$$r^2 = x^2 + y^2 = r^2\left(\cos^2\theta + \sin^2\theta\right)$$

즉, $\cos^2\theta + \sin^2\theta = 1$이 성립한다. 이 때, 이 식의 좌우 양변을 $\cos^2\theta$ 또는 $\sin^2\theta$로 나누면 다음이 성립함을 알 수 있다.

$$1 + \tan^2\theta = \sec^2\theta, \quad 1 + \cot^2\theta = \csc^2\theta$$

이러한 관찰과, 삼각함수의 정의로부터 삼각함수에 대한 기본공식을 얻을 수 있다.

[4] 그림 2.8에서 원 위의 점 P의 좌표 (x, y)의 성분 x와 y는 원의 반지름 r에 비례하므로 삼각 함수의 값은 r에 의존하지 않는다. 따라서, 반지름의 길이가 1인 단위원을 이용하여 삼각함수를 정의하기도 한다.

정리 2.47 삼각함수의 기본공식

(1) $\csc\theta = \dfrac{1}{\sin\theta}$, $\sec\theta = \dfrac{1}{\cos\theta}$, $\cot\theta = \dfrac{1}{\tan\theta}$

(2) $\tan\theta = \dfrac{\sin\theta}{\cos\theta}$, $\cot\theta = \dfrac{\cos\theta}{\sin\theta}$

(3) $\sin^2\theta + \cos^2\theta = 1$, $1 + \tan^2\theta = \sec^2\theta$, $1 + \cot^2\theta = \csc^2\theta$

예제 2.48

$\sin\theta = \dfrac{2}{3}$ 일 때, $\cos\theta$, $\tan\theta$의 값을 각각 구하시오.

풀이 삼각함수의 공식 $\sin^2\theta + \cos^2\theta = 1$로부터 다음을 알 수 있다.

$$\cos^2\theta = 1 - \sin^2\theta = 1 - \left(\frac{2}{3}\right)^2 = \frac{5}{9}$$

이 때, $\sin\theta > 0$이므로 θ는 제1사분면 또는 제2사분면의 각이다.

(i) θ가 제1사분면의 각일 때, $\cos\theta > 0$, $\tan\theta > 0$이므로 다음이 성립한다.

$$\cos\theta = \frac{\sqrt{5}}{3}, \quad \tan\theta = \frac{\sin\theta}{\cos\theta} = \frac{2}{\sqrt{5}}$$

(ii) θ가 제2사분면의 각일 때, $\cos\theta < 0$, $\tan\theta < 0$이므로 다음이 성립한다.

$$\cos\theta = -\frac{\sqrt{5}}{3}, \quad \tan\theta = -\frac{2}{\sqrt{5}}$$

■

문제 2.49

$\cos\theta = -\dfrac{4}{5}$ 일 때, $\sin\theta$, $\tan\theta$의 값을 각각 구하시오.

예제 2.50

$\sin\theta + \cos\theta = \dfrac{\sqrt{2}}{2}$ 일 때, $\sin\theta\cos\theta$의 값을 구하시오.

풀이 식 $\sin\theta + \cos\theta = \dfrac{\sqrt{2}}{2}$의 양변을 제곱하고 식을 변경하면 다음을 얻을 수 있다.

$$\begin{aligned} \sin^2\theta + 2\sin\theta\cos\theta + \cos^2\theta = \frac{1}{2} \quad &\Leftrightarrow \quad 1 + 2\sin\theta\cos\theta = \frac{1}{2} \\ &\Leftrightarrow \quad \sin\theta\cos\theta = -\frac{1}{4} \end{aligned}$$

■

문제 2.51

$\sin\theta - \cos\theta = \frac{1}{2}$일 때, $\sin\theta\cos\theta$의 값을 구하시오.

예제 2.52

다음 등식이 성립함을 증명하시오.

$$\frac{\cos\theta}{1+\sin\theta} + \frac{\cos\theta}{1-\sin\theta} = \frac{2}{\cos\theta}$$

증명 좌변을 통분하여 정리하고, 삼각함수의 공식 $\sin^2\theta + \cos^2\theta = 1$을 적용하면

$$\begin{aligned}\frac{\cos\theta}{1+\sin\theta} + \frac{\cos\theta}{1-\sin\theta} &= \frac{\cos\theta(1-\sin\theta)+\cos\theta(1+\sin\theta)}{(1+\sin\theta)(1-\sin\theta)} \\ &= \frac{2\cos\theta}{1-\sin^2\theta} \\ &= \frac{2}{\cos\theta}\end{aligned}$$

이 성립한다. ■

문제 2.53

다음 등식이 성립함을 증명하시오.

(1) $(\sin\theta + \cos\theta)^2 + (\sin\theta - \cos\theta)^2 = 2$

(2) $\frac{\cos\theta}{1-\tan\theta} + \frac{\sin\theta}{1-\cot\theta} = \sin\theta + \cos\theta$

2.3.2 삼각함수의 성질

그림 2-9에서와 같이 각 θ와 $2\pi+\theta$의 동경은 일치한다. 따라서 각 θ와 $2n\pi+\theta$ (n은 정수)의 동경은 항상 일치하므로 이들 각의 삼각함수의 값은 같다.

이를 정리하면 다음과 같다.

정리 2.54 임의의 정수 n과 모든 실수 θ에 대하여 다음이 성립한다.

$$\sin(2n\pi+\theta) = \sin\theta$$
$$\cos(2n\pi+\theta) = \cos\theta$$
$$\tan(2n\pi+\theta) = \tan\theta$$

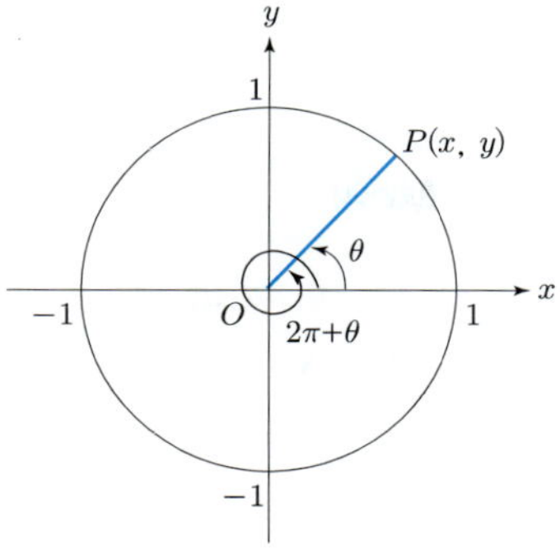

그림 2.9

문제 2.55

다음 삼각함수의 값을 구하시오.

(1) $\sin\left(\frac{11}{3}\pi\right)$ (2) $\cos\left(\frac{21}{4}\pi\right)$ (3) $\tan(600^\circ)$

그림 2.10에서와 같이 각 θ의 동경과 단위원과의 교점을 $P(x,y)$라 하면 각 $-\theta$의 동경과 단위원과의 교점 P'은 점 P와 x축에 대하여 대칭이므로 $P'(x,-y)$이 된다.

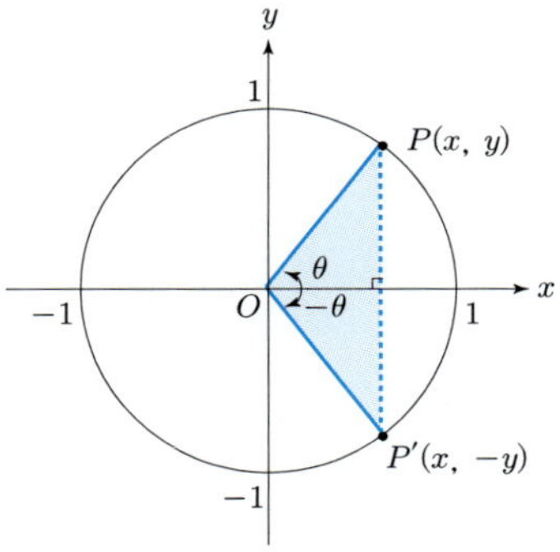

그림 2.10

이 때, $x=\cos\theta$, $y=\sin\theta$이므로

$$\sin(-\theta) = -y = -\sin\theta$$

$$\cos(-\theta) = x = \cos\theta$$

$$\tan(-\theta) = \frac{-y}{x} = \frac{-\sin\theta}{\cos\theta} = -\tan\theta$$

따라서, 다음의 공식이 성립한다.

정리 2.56 모든 실수 θ에 대하여 다음이 성립한다.

$$\sin(-\theta) = -\sin\theta, \quad \cos(-\theta) = \cos\theta, \quad \tan(-\theta) = -\tan\theta$$

정리 2.56로부터 삼각함수 $\sin\theta$와 $\tan\theta$는 기함수이고 $\cos\theta$는 우함수이다. 그러므로 함수 $\sin\theta$와 $\tan\theta$의 그래프는 원점에 대칭이고 함수 $\cos\theta$의 그래프는 y축에 대칭이다. 삼각함수의 그래프는 다음 절에서 더 자세히 다룬다.

문제 2.57

다음 삼각함수의 값을 구하시오.

(1) $\sin(-120°)$ (2) $\cos\left(-\frac{25}{6}\pi\right)$ (3) $\tan(-1140°)$

그림 2.11에서와 같이 각 θ의 동경과 단위원과의 교점을 $P(x, y)$라 하면 각 $\pi + \theta$의 동경과 단위원과의 교점 P'은 점 P와 원점에 대하여 대칭이므로 $P'(-x, -y)$이 된다.

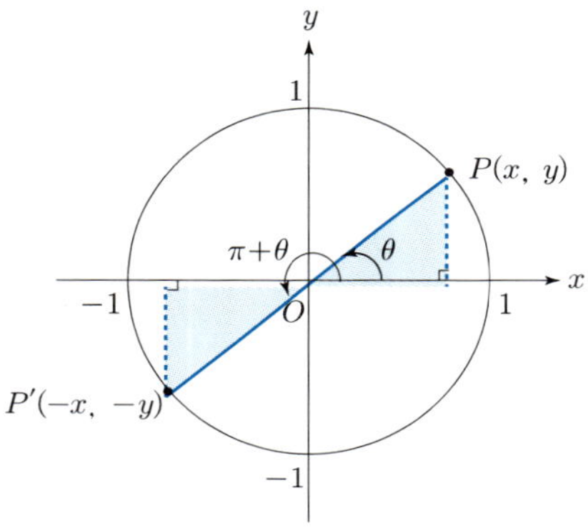

그림 2.11

이때, $x = \cos\theta$, $y = \sin\theta$이므로

$$\sin(\pi + \theta) = -y = -\sin\theta$$

$$\cos(\pi + \theta) = -x = -\cos\theta$$

$$\tan(\pi + \theta) = \frac{-y}{-x} = \frac{y}{x} = \tan\theta$$

또, 위의 식에서 θ 대신 $-\theta$를 대입하여 각 $-\theta$에 대한 삼각함수의 공식

$$\sin(-\theta) = -\sin\theta, \quad \cos(-\theta) = \cos\theta, \quad \tan(-\theta) = -\tan\theta$$

를 이용하면 다음의 결과를 얻는다.

$$\sin(\pi - \theta) = -\sin(-\theta) = \sin\theta$$

$$\cos(\pi-\theta) = -\cos(-\theta) = -\cos\theta$$
$$\tan(\pi-\theta) = \tan(-\theta) = -\tan\theta$$

이를 정리하면 다음과 같다.

정리 2.58 모든 실수 θ에 대하여 다음이 성립한다.

$$\sin(\pi\pm\theta) = \mp\sin\theta, \quad \cos(\pi\pm\theta) = -\cos\theta, \quad \tan(\pi\pm\theta) = \pm\tan\theta$$

문제 2.59

다음 삼각함수의 값을 구하시오.

(1) $\sin\left(-\frac{3}{4}\pi\right)$ (2) $\cos(240°)$ (3) $\tan\left(\frac{7}{6}\pi\right)$

그림 2.12에서와 같이 각 θ의 동경과 단위원과의 교점을 $P(x, y)$라 하고 각 $\frac{\pi}{2}+\theta$의 동경과 단위원과의 교점을 $P'(x', y')$이라고 하자. 만약, $x=0$ 이거나 $y=0$이면, x'과 y'을 쉽게 구할 수 있으므로 $x\neq0$이고 $y\neq0$이라 하자. 그러면 $\overline{OP}\perp\overline{OP'}$이므로 선분 $\overline{OP}$를 포함하는 직선의 기울기 $\frac{y}{x}$와 선분 $\overline{OP'}$을 포함하는 직선의 기울기 $\frac{y'}{x'}$의 곱은 -1이다. 즉, x'과 y'은 식

$$xx' + yy' = 0$$

를 만족한다. 또한, 선분 $\overline{OP'}$의 길이가 1이므로 $x'^2+y'^2=1$을 만족한다. 따라서 두 방정식을 연립하여 풀면 $(x', y') = (-y, x)$ 또는 $(y, -x)$를 얻는다. 이 중 점 P'의 좌표는 $(-y, x)$가 된다.

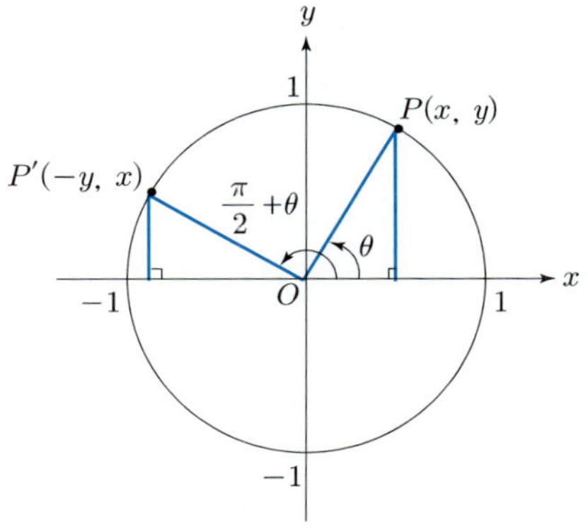

그림 2.12

이때, $x=\cos\theta$, $y=\sin\theta$이므로

$$\sin\left(\frac{\pi}{2}+\theta\right) = x = \cos\theta$$

$$\cos\left(\frac{\pi}{2}+\theta\right) = -y = -\sin\theta$$

$$\tan\left(\frac{\pi}{2}+\theta\right) = \frac{x}{-y} = -\frac{x}{y} = -\frac{\cos\theta}{\sin\theta} = -\cot\theta$$

또한, 정리 2.58의 증명에서 처럼 위의 각 식에 θ 대신 $-\theta$를 대입하면, 다음 정리를 얻는다.

정리 2.60 모든 실수 θ에 대하여 다음이 성립한다.

$$\sin\left(\frac{\pi}{2}+\theta\right) = \cos\theta, \qquad \sin\left(\frac{\pi}{2}-\theta\right) = \cos\theta$$

$$\cos\left(\frac{\pi}{2}+\theta\right) = -\sin\theta, \qquad \cos\left(\frac{\pi}{2}-\theta\right) = \sin\theta$$

$$\tan\left(\frac{\pi}{2}+\theta\right) = -\cot\theta, \qquad \tan\left(\frac{\pi}{2}-\theta\right) = \cot\theta$$

위 정리들을 종합하면 삼각함수의 다음 성질들을 얻는다. 이 때, 실수값을 가지는 함수 f에 대하여 $f(x)$의 부호 $\text{sgn}(f(x))$를 다음과 같이 정의한다.

$$\text{sgn}(f(x)) = \begin{cases} 1, & f(x) \geq 0, \\ -1, & f(x) < 0 \end{cases}$$

정리 2.61 임의의 정수 n과 모든 실수 θ에 대하여 다음이 성립한다.

$$\sin\left(\frac{n\pi}{2}\pm\theta\right) = \text{sgn}\left(\sin\left(\frac{n\pi}{2}\pm\theta\right)\right) \times \begin{cases} \sin\theta, & n\text{이 짝수}, \\ \cos\theta, & n\text{이 홀수}. \end{cases}$$

$$\cos\left(\frac{n\pi}{2}\pm\theta\right) = \text{sgn}\left(\cos\left(\frac{n\pi}{2}\pm\theta\right)\right) \times \begin{cases} \cos\theta, & n\text{이 짝수}, \\ \sin\theta, & n\text{이 홀수}. \end{cases}$$

$$\tan\left(\frac{n\pi}{2}\pm\theta\right) = \text{sgn}\left(\tan\left(\frac{n\pi}{2}\pm\theta\right)\right) \times \begin{cases} \tan\theta, & n\text{이 짝수}, \\ \cot\theta, & n\text{이 홀수}. \end{cases}$$

문제 2.62

다음 삼각함수의 값을 구하시오.

(1) $\sin(660°)$ (2) $\cos\left(\frac{19}{6}\pi\right)$ (3) $\tan(-1000°)$

위의 공식들은 아래의 삼각함수의 덧셈정리의 특수한 형태들 이다. 이 삼각함수의 덧셈정리는 코사인 제 1 법칙, 코사인 제 2 법칙, 삼각형의 면적 등을 이용하여 증명할 수 있다.

정리 2.63 삼각함수의 덧셈정리

모든 실수 α, β에 대하여 다음이 성립한다.

$$\sin(\alpha+\beta) = \sin\alpha\cos\beta + \cos\alpha\sin\beta$$
$$\sin(\alpha-\beta) = \sin\alpha\cos\beta - \cos\alpha\sin\beta$$
$$\cos(\alpha+\beta) = \cos\alpha\cos\beta - \sin\alpha\sin\beta$$
$$\cos(\alpha-\beta) = \cos\alpha\cos\beta + \sin\alpha\sin\beta$$
$$\tan(\alpha+\beta) = \frac{\tan\alpha + \tan\beta}{1 - \tan\alpha\cdot\tan\beta}$$
$$\tan(\alpha-\beta) = \frac{\tan\alpha - \tan\beta}{1 + \tan\alpha\cdot\tan\beta}$$

예제 2.64

$\sin(75°)$와 $\sin(15°)$의 값을 구하시오.

풀이 삼각함수의 덧셈정리를 이용하면 다음을 얻을 수 있다.

$$\begin{aligned}\sin(75°) &= \sin(45° + 30°)\\ &= \sin(45°)\cos(30°) + \cos(45°)\sin(30°)\\ &= \left(\frac{1}{\sqrt{2}}\right)\left(\frac{\sqrt{3}}{2}\right) + \left(\frac{1}{\sqrt{2}}\right)\left(\frac{1}{2}\right)\\ &= \frac{\sqrt{3}+1}{2\sqrt{2}} = \frac{\sqrt{2}(\sqrt{3}+1)}{4}\end{aligned}$$

$$\begin{aligned}\sin(15°) &= \sin(45° - 30°)\\ &= \sin(45°)\cos(30°) - \cos(45°)\sin(30°)\\ &= \left(\frac{1}{\sqrt{2}}\right)\left(\frac{\sqrt{3}}{2}\right) - \left(\frac{1}{\sqrt{2}}\right)\left(\frac{1}{2}\right)\\ &= \frac{\sqrt{3}-1}{2\sqrt{2}} = \frac{\sqrt{2}(\sqrt{3}-1)}{4}\end{aligned}$$

■

문제 2.65

다음 삼각함수의 값을 구하시오.

(1) $\cos(15°)$ (2) $\sin\left(\frac{7\pi}{12}\right)$ (3) $\tan(75°)$

예제 2.66

α는 제1사분면, β는 제2사분면의 각이고 $\sin\alpha = \frac{\sqrt{3}}{2}$, $\sin\beta = \frac{1}{2}$이 성립할 때 $\sin(\alpha+\beta)$와 $\cos(\alpha+\beta)$의 값을 구하시오.

풀이 $\cos\alpha = \sqrt{1-\sin^2\alpha} = \dfrac{1}{2}$, $\cos\beta = -\sqrt{1-\sin^2\beta} = -\dfrac{\sqrt{3}}{2}$이므로 다음이 성립한다.

$$\begin{aligned}\sin(\alpha+\beta) &= \sin\alpha\cos\beta + \cos\alpha\sin\beta \\ &= \left(\frac{\sqrt{3}}{2}\right)\left(-\frac{\sqrt{3}}{2}\right) + \left(\frac{1}{2}\right)\left(\frac{1}{2}\right) = -\frac{1}{2}\end{aligned}$$

$$\begin{aligned}\cos(\alpha+\beta) &= \cos\alpha\cos\beta - \sin\alpha\sin\beta \\ &= \left(\frac{1}{2}\right)\left(-\frac{\sqrt{3}}{2}\right) - \left(\frac{\sqrt{3}}{2}\right)\left(\frac{1}{2}\right) = -\frac{\sqrt{3}}{2}\end{aligned}$$

■

문제 2.67

α는 제1사분면, β는 제2사분면의 각이고 $\sin\alpha = \frac{1}{2}$, $\sin\beta = \frac{1}{3}$이 성립할 때 $\sin(\alpha-\beta)$와 $\cos(\alpha-\beta)$의 값을 구하시오.

삼각함수의 덧셈정리 2.63에서 $\alpha = \beta$라 두면, 다음의 배각공식을 얻는다.

정리 2.68 삼각함수의 배각공식

$$\sin 2\alpha = 2\sin\alpha\cos\alpha$$

$$\cos 2\alpha = \cos^2\alpha - \sin^2\alpha = 1 - 2\sin^2\alpha = 2\cos^2\alpha - 1$$

$$\tan 2\alpha = \frac{2\tan\alpha}{1-\tan^2\alpha}$$

예제 2.69

θ는 제1사분면의 각이고 $\cos\theta = \dfrac{4}{5}$일 때, $\sin 2\theta$의 값을 구하시오.

풀이 $\sin\theta = \sqrt{1-\left(\frac{4}{5}\right)^2} = \frac{3}{5}$ 이므로 다음이 성립한다.

$$\sin 2\theta = 2\sin\theta\cos\theta = 2\cdot\frac{3}{5}\cdot\frac{4}{5} = \frac{24}{25}$$

■

문제 2.70

θ가 제3사분면의 각이고 $\sin\theta = -\frac{2}{3}$ 일 때, $\sin 2\theta$, $\cos 2\theta$, $\tan 2\theta$의 값을 구하시오.

코사인의 배각공식

$$\cos 2\alpha = \cos^2\alpha - \sin^2\alpha = 1 - 2\sin^2\alpha = 2\cos^2\alpha - 1$$

에서 α 대신에 $\frac{\alpha}{2}$를 대입하면 다음이 성립한다.

$$\cos\alpha = \cos^2\frac{\alpha}{2} - \sin^2\frac{\alpha}{2} = 1 - 2\sin^2\frac{\alpha}{2} = 2\cos^2\frac{\alpha}{2} - 1$$

이로부터 다음의 유용한 공식을 얻을 수 있다.

$$\sin^2\frac{\alpha}{2} = \frac{1-\cos\theta}{2}, \qquad \cos^2\frac{\alpha}{2} = \frac{1+\cos\theta}{2}$$

정리 2.71 **삼각함수의 반각공식**

$$\sin^2\frac{\alpha}{2} = \frac{1-\cos\alpha}{2},$$
$$\cos^2\frac{\alpha}{2} = \frac{1+\cos\alpha}{2},$$
$$\tan^2\frac{\alpha}{2} = \frac{1-\cos\alpha}{1+\cos\alpha}$$

예제 2.72

$\sin 22.5°$ 의 값을 구하시오.

풀이 $\sin^2(22.5°) = \sin^2\left(\frac{45°}{2}\right) = \frac{1-\cos 45°}{2} = \frac{2-\sqrt{2}}{4}$ 이고 $\sin(22.5°) > 0$ 이므로

$$\sin(22.5°) = \frac{\sqrt{2-\sqrt{2}}}{2}$$

이다. ■

문제 2.73

θ가 제4사분면의 각이고 $\cos\theta = \frac{4}{5}$일 때, $\sin\frac{\theta}{2}$, $\cos\frac{\theta}{2}$, $\tan\frac{\theta}{2}$의 값을 구하시오.

문제 2.74

$\tan\frac{\theta}{2} = t$일 때, $\sin\theta$, $\cos\theta$, $\tan\theta$를 t로 나타내시오.

삼각함수의 덧셈정리 2.63로부터 다음 곱을 합 또는 차로 고치는 공식을 얻는다.

정리 2.75 임의의 실수 α, β에 대하여 다음이 성립한다.

$$\sin\alpha\cos\beta = \frac{1}{2}\{\sin(\alpha+\beta)+\sin(\alpha-\beta)\}$$

$$\cos\alpha\sin\beta = \frac{1}{2}\{\sin(\alpha+\beta)-\sin(\alpha-\beta)\}$$

$$\cos\alpha\cos\beta = \frac{1}{2}\{\cos(\alpha+\beta)+\cos(\alpha-\beta)\}$$

$$\sin\alpha\sin\beta = -\frac{1}{2}\{\cos(\alpha+\beta)-\cos(\alpha-\beta)\}$$

예제 2.76

곱을 합 또는 차로 고치는 공식을 이용하여, $\sin(75°)\cos(15°)$의 값을 구하시오.

풀이 공식으로 부터 다음을 얻을 수 있다.

$$\begin{aligned}\sin(75°)\cos(15°) &= \frac{1}{2}\{\sin(75°+15°)+\sin(75°-15°)\}\\ &= \frac{1}{2}\{\sin(90°)+\sin(60°)\}\\ &= \frac{1}{2}\left\{1+\frac{\sqrt{3}}{2}\right\}\\ &= \frac{2+\sqrt{3}}{4}\end{aligned}$$

■

문제 2.77

곱을 합 또는 차로 고치는 공식을 이용하여, $\cos(75°)\cos(15°)$ 의 값을 구하시오.

삼각함수의 곱을 합 또는 차로 고치는 공식으로부터 다음의 합 또는 차를 곱으로 고치는 공식을 얻을 수 있다. 예를 들어 정리 2.75에 의해 임의의 실수 x, y에 대하여

$$\sin x \cos y = \frac{1}{2}\{\sin(x+y) + \sin(x-y)\}$$

이 성립한다. 따라서 $\alpha = x + y$, $\beta = x - y$라 놓으면 $x = \frac{\alpha+\beta}{2}$이고 $y = \frac{\alpha-\beta}{2}$이다. 그러므로 등식

$$\sin\alpha + \sin\beta = 2\sin\left(\frac{\alpha+\beta}{2}\right)\cos\left(\frac{\alpha-\beta}{2}\right)$$

이 성립한다. 유사하게 합 또는 차를 곱으로 고치는 공식의 나머지 공식들을 유도할 수 있다.

정리 2.78 임의의 실수 α, β에 대하여 다음이 성립한다.

$$\sin\alpha + \sin\beta = 2\sin\frac{\alpha+\beta}{2}\cos\frac{\alpha-\beta}{2}$$
$$\sin\alpha - \sin\beta = 2\cos\frac{\alpha+\beta}{2}\sin\frac{\alpha-\beta}{2}$$
$$\cos\alpha + \cos\beta = 2\cos\frac{\alpha+\beta}{2}\cos\frac{\alpha-\beta}{2}$$
$$\cos\alpha - \cos\beta = -2\sin\frac{\alpha+\beta}{2}\sin\frac{\alpha-\beta}{2}$$

예제 2.79

합 또는 차를 곱으로 고치는 공식을 이용하여, $\sin(75°) + \sin(15°)$ 의 값을 구하시오.

풀이 공식으로 부터 다음을 얻을 수 있다.

$$\begin{aligned}\sin(75°) + \sin(15°) &= 2\left(\sin\frac{75° + 15°}{2}\cos\frac{75° - 15°}{2}\right)\\ &= 2(\sin(45°)\cos(30°))\\ &= 2\cdot\frac{1}{\sqrt{2}}\cdot\frac{\sqrt{3}}{2}\\ &= \frac{\sqrt{6}}{2}\end{aligned}$$

문제 2.80

합 또는 차를 곱으로 고치는 공식을 이용하여, $\cos 75^\circ - \cos 15^\circ$ 의 값을 구하시오.

2.3.3 삼각함수의 그래프

함수 $f(x)$에 대하여 정의역에 속하는 모든 x가 등식

$$f(x+p) = f(x)$$

를 만족하는 0이 아닌 상수 p가 존재하면, $f(x)$를 **주기함수**(periodic function)라 하고 그러한 상수 p중에서 최소인 양수를 그 함수의 **주기**(period)라 한다. 그리고, 삼각함수는 대표적인 주기함수 이다.

그림 2.13과 같이 각 θ를 나타내는 동경과 단위원과의 교점을 $P(x, y)$라고 하면, $\sin\theta = y$, $\cos\theta = x$가 성립한다.

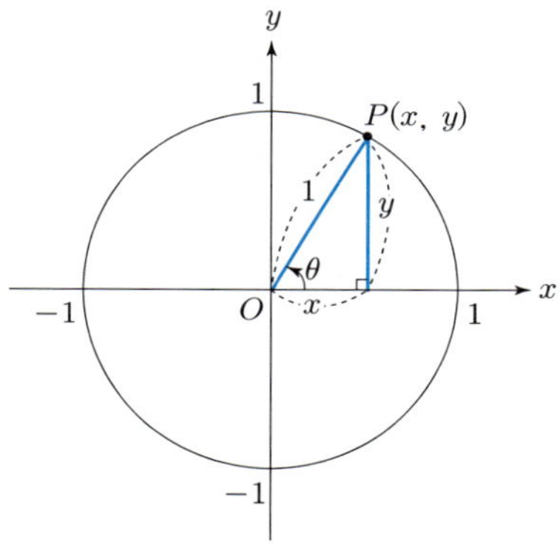

그림 2.13

즉, 두 함수 $y = \sin\theta$, $x = \cos\theta$에 대하여 $\sin\theta$의 값은 점 P의 y좌표로 정해지고, $\cos\theta$의 값은 점 P의 x좌표로 정해진다. 그러므로 $y = \sin\theta$의 그래프는 단위원을 이용하여 θ의 각 값에 $\sin\theta$, 즉 y의 값을 대응시켜서 그릴 수 있다.

위의 그림 2.14에서 함수 $y = \sin\theta$의 그래프는 다음 성질을 가짐을 알 수 있다.

(1) 정의역은 실수 전체의 집합이다.

(2) 치역은 $-1 \leq y \leq 1$이다.

(3) 그래프는 원점에 대하여 대칭이다.

(4) 주기가 2π인 주기함수이다.

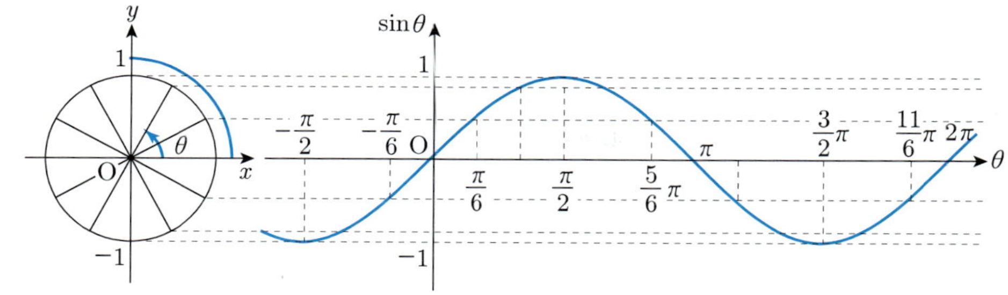

그림 2.14

함수 $y = \cos\theta$의 그래프도 $y = \sin\theta$의 그래프와 마찬가지로 단위원을 이용하여 θ의 각 값에 $\cos\theta$, 즉 x의 값을 대응시키면 된다.

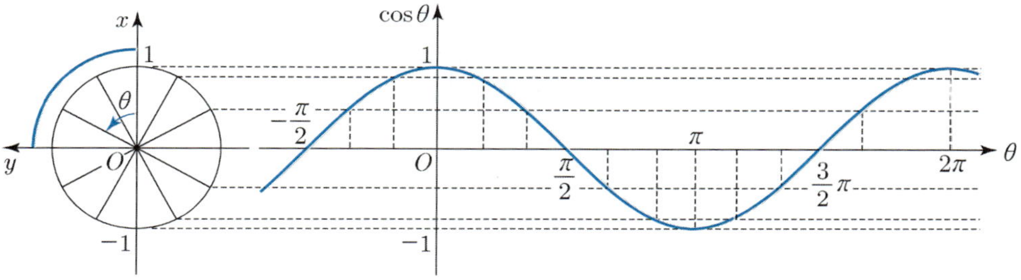

그림 2.15

그림 2.15에서 함수 $y = \cos\theta$의 그래프는 다음 성질을 가짐을 알 수 있다.

(1) 정의역은 실수 전체의 집합이다.

(2) 치역은 $-1 \leq y \leq 1$이다.

(3) 그래프는 y축에 대하여 대칭이다.

(4) 주기가 2π인 주기함수이다.

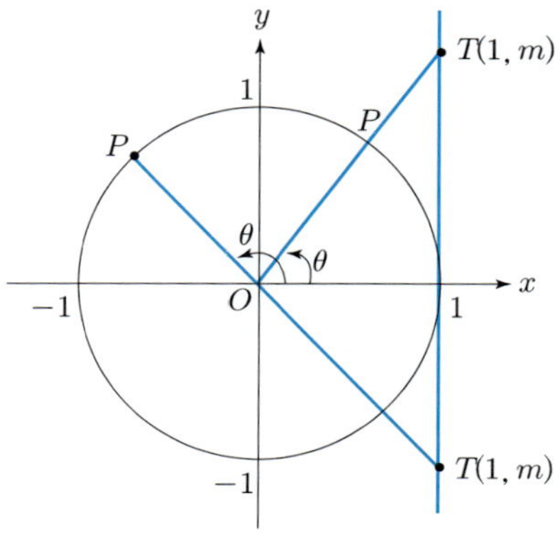

그림 2.16

한편, 위의 그림에서 동경 OP가 제 1, 3사분면에 있을 때, m의 값은 양이고 동경

OP가 제 2, 4 사분면에 있을때, m의 값은 음이 되는데 항상

$$\tan\theta = \frac{m}{1} = m$$

을 만족하므로 점 P가 단위원 위를 움직일 때, $\tan\theta$의 값은 점 T의 y좌표가 되므로 $y = \tan\theta$의 그래프는 각 θ를 가로축으로 나타내고, 단위원을 이용하여 θ에 대응하는 $\tan\theta$를 세로축으로 나타내어 그리면 된다.

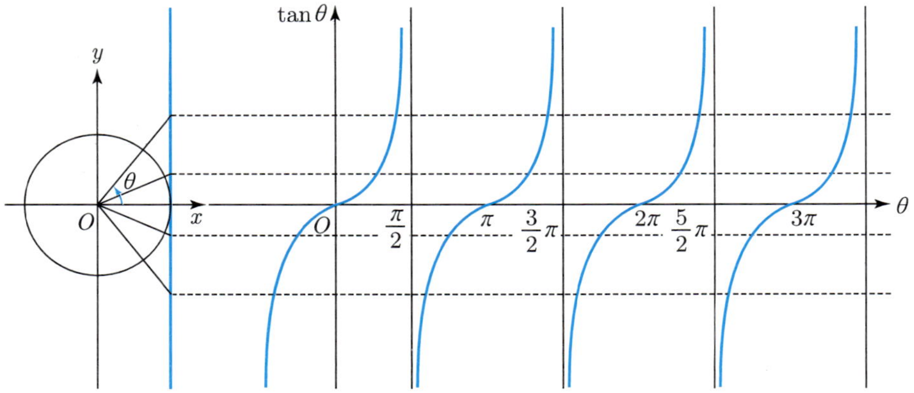

그림 2.17

그림 2.17에서 다음 사실들을 알 수 있다.

(1) 정의역은 $n\pi + \frac{\pi}{2}$ (단, n은 정수)를 제외한 실수 전체의 집합이고, 치역은 실수 전체의 집합이다.

(2) 그래프는 원점에 대하여 대칭이다.

(3) 주기가 π인 주기함수이다.

(4) 점근선은 $x = n\pi + \frac{\pi}{2}$ (단, n은 정수)이다.

예제 2.81

다음 삼각함수의 그래프를 그리고, 주기와 최솟값 및 최댓값을 구하시오.

(1) $y = -\cos\left(x + \frac{\pi}{3}\right)$ (2) $y = |\cos x| + 1$

풀이 (1) 함수 $y = -\cos\left(x + \frac{\pi}{3}\right)$의 그래프는 함수 $y = -\cos x$의 그래프를 x축으로 $-\frac{\pi}{3}$ 만큼 평행이동한 그래프이고 함수 $y = -\cos x$의 그래프는 함수 $y = \cos x$의 그래프와 x축에 대칭인 그래프이다. 따라서 함수 $y = -\cos\left(x + \frac{\pi}{3}\right)$의 그래프는 함수 $y = \cos x$의 그래프를 x축에 대칭시키고 그 대칭시킨 그래프를 x축으로 $-\frac{\pi}{3}$ 만큼 평행이동하여 그리면 그림 2.18과 같고, 주기는 2π, 최솟값은 -1, 최댓값은 1이다.

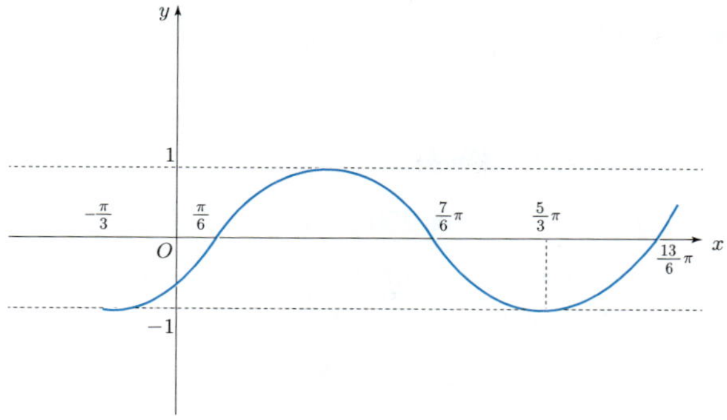

그림 2.18

(2) $y = |\cos x| + 1$의 그래프는 $y = |\cos x|$의 그래프를 y축으로 1만큼 평행이동 한 그래프이고 그림 2.19와 같다. 주기는 π, 최솟값은 1, 최댓값은 2이다.

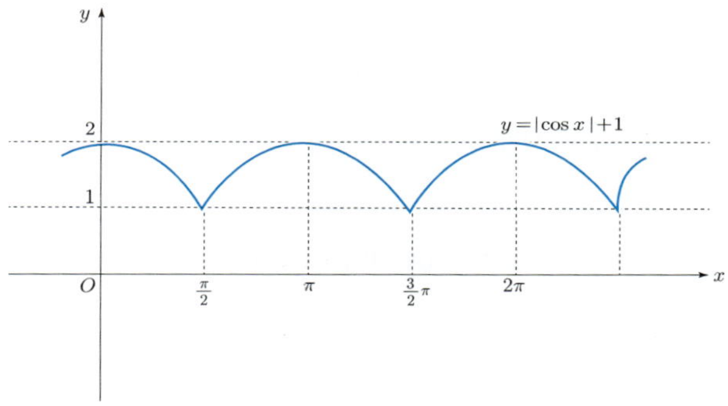

그림 2.19

■

문제 2.82

다음 삼각함수의 그래프를 그리고, 주기와 최솟값 및 최댓값을 구하시오.

(1) $y = \sin 2x$

(2) $y = \cos 2x + 1$

(3) $y = \tan\left(2x + \frac{\pi}{2}\right)$

2.3 연습문제

1. 다음 물음에 답하시오.

   (1) $\sin 160° + \cos 250° - \tan 300°$를 간단히 하시오.

   (2) $\dfrac{\cos\theta}{1-\tan\theta} + \dfrac{\sin\theta}{1-\cot\theta}$를 간단히 하시오.

   (3) θ가 제3사분면의 각이고 $\tan\theta = 5$일 때, $\sin\theta$와 $\cos\theta$를 구하시오.

2. 다음 삼각함수의 값을 덧셈정리를 이용하여 구하시오.

   (1) $\cos 105°$ (2) $\tan 105°$ (3) $\sin 135°$

3. $\tan\alpha = 3$, $\tan\beta = 2$일 때, $\tan(\alpha+\beta)$, $\tan(\alpha-\beta)$의 값을 구하시오.

4. α와 β는 모두 제1사분면의 각이고 $\sin\alpha = \dfrac{13}{14}$, $\sin\beta = \dfrac{11}{14}$일 때, $\sin(\alpha+\beta)$의 값을 구하시오.

5. 제2사분면의 각 α에 대하여 $\sin\alpha = \dfrac{1}{2}$일 때, 다음 값을 구하시오.

   (1) $\sin 2\alpha$ (2) $\cos 2\alpha$ (3) $\tan 2\alpha$

6. 제2사분면의 각 α에 대하여 $\cos\alpha = -\dfrac{1}{3}$일 때, 다음 값을 구하시오.

   (1) $\sin\dfrac{\alpha}{2}$ (2) $\cos\dfrac{\alpha}{2}$ (3) $\tan\dfrac{\alpha}{2}$

7. 제4사분면의 각 α에 대하여 $\tan\alpha = -2\sqrt{2}$일 때, $\sin\dfrac{\alpha}{2}$의 값을 구하시오.

8. 다음 등식이 성립함을 증명하시오.

   (1) $\sin 3\theta = 3\sin\theta - 4\sin^3\theta$ (2) $\cos 3\theta = 4\cos^3\theta - 3\cos\theta$

9. 다음 삼각함수의 그래프를 그리고, 주기와 최솟값 및 최댓값을 구하시오.

   (1) $y = 2\sin(x+\pi) + 1$ (2) $y = |\sin x| + 1$

3장

함수의 극한과 연속

함수의 미분과 적분은 함수의 극한을 사용하여 정의되므로 함수의 극한은 함수의 미분과 적분을 학습하는데 있어서 필수적인 도구이다. 따라서 함수의 미분과 적분의 개념을 정확하게 파악하기 위하여 극한의 개념을 잘 이해하는 것은 매우 중요하고, 함수의 극한은 함수의 미분과 적분을 공부하기 위하여 우선적으로 학습해야 하는 수학의 기본개념 중 하나이다. 실제로 함수의 극한은 미적분학은 물론 해석학의 전 분야에서 가장 중요한 개념 중 하나이다.

함수의 연속성은 순수수학은 물론이고 수학을 실생활에 활용함에 있어 매우 중요한 역할을 한다. 과거로부터 현재까지 누적된 어떠한 정보에 근거하여 아직 발생하지 않은 미래 사건의 발생을 근사적으로 예측하는 것은 수학이나 응용과학에서 빈번히 요구된다. 미래 사건 발생의 예측에 대한 정확도를 높이는 것은 예측값과 참값 사이의 오차를 최소화하는 것이고, 실제로 수치해석분야에서는 컴퓨터를 이용하여 오차를 줄이는 실험들을 행하고 있다.

이 장에서 함수의 극한과 연속에 대하여 현재 고등학교 교과과정에서 다루고 있는 내용들을 중심으로 함수의 극한의 성질, 함수의 극한의 계산, 삼각함수와 지수·로그 함수를 포함하는 다양한 함수들의 연속성을 다룬다. 특히, 고등학교 수학 교육과정에서와 같이 직관적인 방법에 의하여 기초적인 함수의 극한과 연속성을 정의하고, 대수적인 방법에 의하여 일반적인 함수들의 극한값을 구하는 방법과 연속성을 조사하는 방법을 다룬다.

3.1 함수의 극한

구체적인 예를 통해서 직관적인 방법으로 함수의 극한 개념을 쉽게 이해하여 보자. $x \neq 2$인 모든 실수에서 정의된 함수 $f(x) = \dfrac{x^2-4}{x-2} = x+2$를 생각하여 보자. 이때, $x=2$의 적당한 근방에서 $f(x)$의 값은 다음과 같음을 알 수 있다.

x	1.9	1.99	1.999	1.9999	$\cdots$	2.0001	2.001	2.01	2.1
$f(x)$	3.9	3.99	3.999	3.9999	$\cdots$	4.0001	4.001	4.01	4.1

좀 더 직관적으로 이해하기 위하여 함수 $f(x)$의 그래프(그림 3.1)를 살펴보자. $x=2$의 좌변과 우변에 관계없이 x가 2에 가까이 접근할 수록 $f(x)$는 점점 4에 가깝게 접근해 가는 것을 알 수 있다. 이러한 사실을 근거로 함수의 극한을 다음과 같이 정의한다.

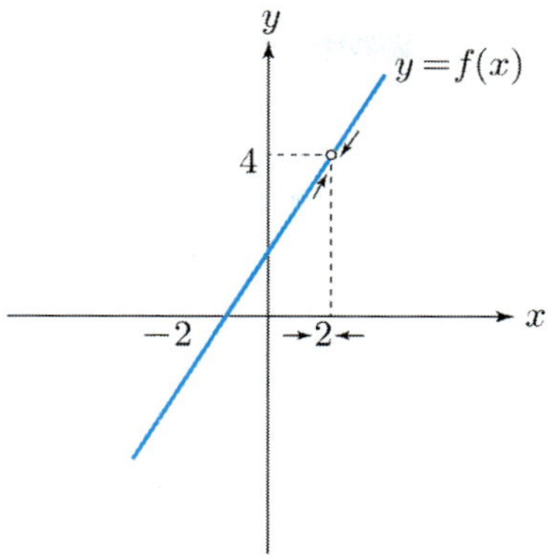

그림 3.1

정의 3.1 점 a의 근방(a를 제외해도 무방함)에서 정의된 함수 f에 대하여 x가 a에 한없이 접근할 때, $f(x)$가 일정한 값 L에 한없이 접근하면, $x = a$에서 함수 $f(x)$의 **극한값**(limit value)은 L이라 하고, 이것을

$$x \to a \text{ 일 때}, \quad f(x) \to L \quad \text{또는} \quad \lim_{x \to a} f(x) = L$$

로 나타낸다. 또한, $f(x)$는 $x = a$에서 L에 **수렴한다**(converge)고 한다.

직관적으로 함수의 극한값은 유일할 것임을 유추할 수 있는데, 실제로도 그러하다.

정리 3.2 극한의 유일성

$\lim_{x \to a} f(x) = L$이고 $\lim_{x \to a} f(x) = M$이면 $L = M$이다.

참고 3.3

함수의 극한의 정의에서 '한없이 접근한다'는 표현을 사용하는데, 이는 수학적으로 명확한 정의가 아니기 때문에 이를 이용하여 극한의 유일성과 같은 극한의 성질을 증명하기 어렵다. 따라서 고등해석학에서는 '한없이 접근한다'는 표현을 명확히 하기 위하여 $\epsilon - \delta$ 법을 사용하여 함수의 극한을 정의하는데, 이 책에서는 생략하도록 한다.

참고 3.4

함수의 극한을 생각할 때, 함숫값 $f(a)$의 존재성과 극한값과는 관계가 없다. 즉, $x = a$에서의 함숫값 $f(a)$가 존재하지 않더라도 $x = a$에서 함수 $f(x)$의 극한값이 존재하는 경우가 많이 존재한다.

다음의 예제를 통해 함수의 극한을 보다 잘 직관적으로 이해하도록 하자.

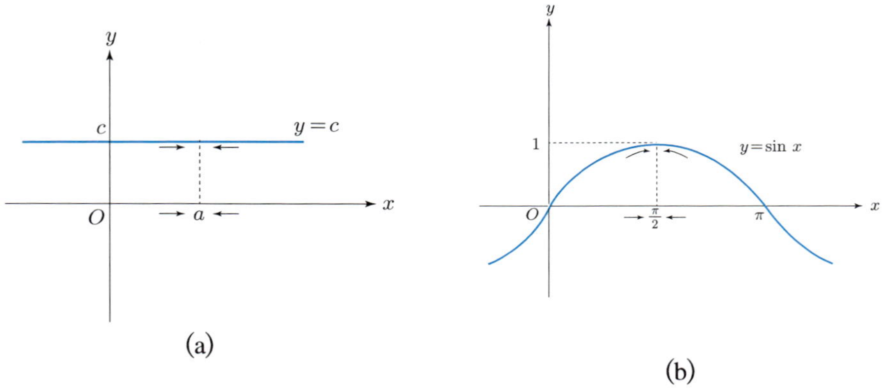

그림 3.2

예제 3.5

(1) 함수 $f(x) = c$ (c는 상수)의 경우에는 임의의 실수 a에 대하여

$$\lim_{x \to a} f(x) = \lim_{x \to a} c = c$$

이다. (그림 3.2 (a) 참고)

(2) 만약 $f(x) = x$ (항등함수)이면, $x = a$에서 함수 $f(x)$의 극한값은

$$\lim_{x \to a} f(x) = \lim_{x \to a} x = a$$

이다.

(3) 함수 $f(x) = \dfrac{x^2 - 1}{x - 1}$에 대하여 $x \neq 1$이면 $f(x) = x + 1$이므로 $x = 1$에서 함수 $f(x)$의 극한값은

$$\lim_{x \to 1} f(x) = \lim_{x \to 1} \frac{x^2 - 1}{x - 1} = \lim_{x \to 1} (x + 1) = 2$$

이다.

(4) 함수 $f(x) = \sqrt{x + 3}$에 대하여 $x = -1$에서 함수 $f(x)$의 극한값은

$$\lim_{x \to -1} f(x) = \lim_{x \to -1} \sqrt{x + 3} = \sqrt{2}$$

이다.

(5) 함수 $f(x) = \sin x$에 대하여 $x = \dfrac{\pi}{2}$에서 함수 $f(x)$의 극한값은

$$\lim_{x \to \frac{\pi}{2}} f(x) = \lim_{x \to \frac{\pi}{2}} \sin x = 1$$

이다. (그림 3.2 (b) 참고)

예제 3.6

함수 $f(x) = \dfrac{|x|}{x}$ $(x \neq 0)$에 대하여 극한 $\lim_{x \to 0} f(x)$의 존재성을 조사하시오.

풀이 주어진 함수 $f(x) = \dfrac{|x|}{x}$ $(x \neq 0)$의 그래프는 다음과 같다.

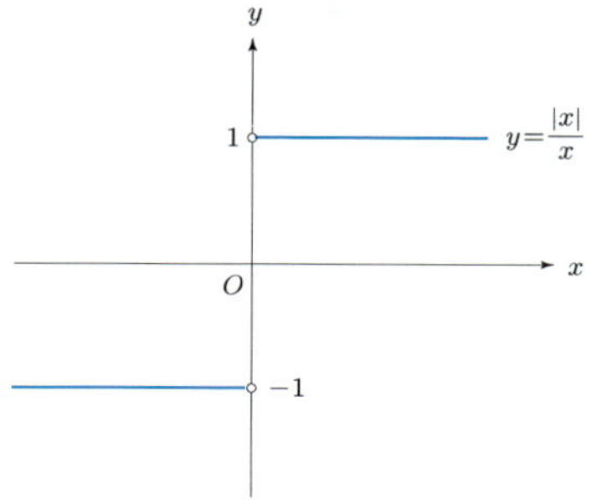

그림 3.3

x가 0보다 큰 쪽(우측)에서 0에 가까워질 때, $f(x)$는 1에 가까워지고, x가 0보다 작은 쪽(좌측)에서 0에 가까워질 때, $f(x)$는 -1에 가까워진다. 이와 같이, x가 0에 가까워지는 방향에 따라 $f(x)$가 가까워지는 값이 일치하지 않으므로 극한 $\lim_{x \to 0} f(x)$는 존재하지 않는다. ■

예제 3.6에 근거하여 다음과 같이 극한의 정의를 세분한다.

정의 3.7 함수 f가 a의 적당한 근방(a는 제외해도 무방함)에서 정의될 때,

(1) x가 a보다 큰 값을 취하면서 a에 한없이 가까워질 때, $f(x)$가 L에 한없이 가까워지면, L을 $x \to a$일 때의 **우극한**이라고 하고, 이것을

$$\lim_{x \to a^+} f(x) = L \quad \text{또는} \quad \lim_{x \downarrow a} f(x) = L$$

로 나타낸다.

(2) x가 a보다 작은 값을 취하면서 a에 한없이 가까워질 때, $f(x)$가 L에 한없이 가까워지면, L을 $x \to a$일 때의 **좌극한**이라고 하고, 이것을

$$\lim_{x \to a^-} f(x) = L \quad \text{또는} \quad \lim_{x \uparrow a} f(x) = L$$

로 나타낸다.

정리 3.8 극한 $\lim_{x\to a} f(x)$가 존재하기 위한 필요충분조건은

$$\lim_{x\to a^+} f(x) = \lim_{x\to a^-} f(x) \tag{3.1}$$

이다. 이때

$$\lim_{x\to a} f(x) = \lim_{x\to a^+} f(x) = \lim_{x\to a^-} f(x) \tag{3.2}$$

를 만족한다.

예제 3.9

(1) $\lim_{x\to 1^-} |x-1| = \lim_{x\to 1^-} (1-x) = 0$

(2) $\lim_{x\to 0^-} \frac{x-x^2}{|x|} = \lim_{x\to 0^-} -\frac{x-x^2}{x} = \lim_{x\to 0^-} -(1-x) = -1$

(3) $\lim_{x\to 0^+} \frac{x-x^2}{|x|} = \lim_{x\to 0^+} \frac{x-x^2}{x} = \lim_{x\to 0^+} (1-x) = 1$

함수 $f(x)$의 극한값이 일정한 값으로 수렴하지 않는 경우에 대하여 생각해보자.

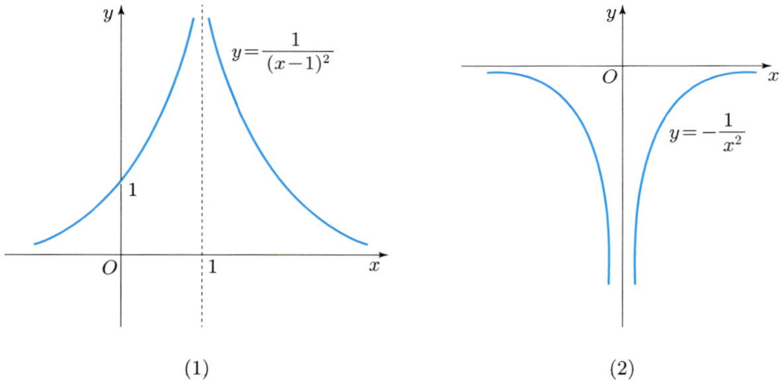

그림 3.4

그림 3.4의 (1)과 같이, 함수

$$f(x) = \frac{1}{(x-1)^2}$$

에 대하여 $x \to 1$일 때, $f(x)$의 값은 한없이 커진다. 한편, 그림 3.4의 (2)와 같이, 함수

$$g(x) = -\frac{1}{x^2}$$

에 대하여 $x \to 0$일 때, $g(x)$의 값은 한없이 작아진다. 이와 같은 현상을 양의 무한대로의 발산, 또는 음의 무한대로의 발산이라 한다.

정의 3.10 함수 f가 a의 적당한 근방(a는 제외해도 무방함)에서 정의될 때,

(1) $x \to a$일 때, $f(x)$의 값이 한없이 커지면, $f(x)$는 양의 무한대로 **발산한다**(diverge)고 하고, 이것을

$$x \to a\text{일 때} \quad f(x) \to \infty \quad \text{또는} \quad \lim_{x \to a} f(x) = \infty$$

로 나타낸다.

(2) $x \to a$일 때, $f(x)$의 값이 한없이 작아지면, $f(x)$는 음의 무한대로 발산한다고 하고, 이것을

$$x \to a\text{일 때} \quad f(x) \to -\infty \quad \text{또는} \quad \lim_{x \to a} f(x) = -\infty$$

로 나타낸다.

예제 3.11

(1) $\lim_{x \to 1} \frac{1}{(x-1)^2} = \infty$ (2) $\lim_{x \to 0} \left(1 - \frac{1}{x^2}\right) = -\infty$

일반적으로 $x \to \infty$ 또는 $x \to -\infty$일 때에도 $f(x)$의 값이 수렴 또는 발산하는가에 따라 다음과 같은 기호를 사용한다.

$$\lim_{x \to \infty} f(x) = L, \qquad \lim_{x \to -\infty} f(x) = M$$
$$\lim_{x \to \infty} f(x) = \infty, \qquad \lim_{x \to -\infty} f(x) = \infty$$
$$\lim_{x \to \infty} f(x) = -\infty, \qquad \lim_{x \to -\infty} f(x) = -\infty$$

예제 3.12

(1) $\lim_{x \to \infty} \frac{x}{x^2 - 3x + 2} = 0, \quad \lim_{x \to -\infty} \frac{x}{x^2 - 3x + 2} = 0$

(2) $\lim_{x \to \infty} x^3 = \infty, \quad \lim_{x \to -\infty} x^3 = -\infty$

다음은 함수의 극한값을 계산할 때 매우 유용한 기본 성질이다.

정리 3.13 $\lim_{x \to a} f(x) = L$, $\lim_{x \to a} g(x) = M$일 때,

(1) $\lim_{x \to a} kf(x) = kL$ (단, k는 상수)

(2) $\lim_{x \to a} (f(x) \pm g(x)) = L \pm M$

(3) $\lim_{x \to a} (f(x)g(x)) = LM$

(4) $\lim_{x \to a} \frac{f(x)}{g(x)} = \frac{L}{M}$ (단, $g(x) \neq 0,\ M \neq 0$)

예제 3.14

실수 a에 대하여 다음 극한값을 구하시오.

(1) $\lim_{x \to a} x^3$

(2) $\lim_{x \to a} (4x^3 - 1)$

(3) $\lim_{x \to a} (2x+1)(x^2-5)$

(4) $\lim_{x \to a} \frac{x^3 + 4x^2 - 3}{x^2 + 5}$

풀이 (1) 구하는 극한값은 다음과 같다.

$$\lim_{x \to a} x^3 = \lim_{x \to a} x \cdot \lim_{x \to a} x \cdot \lim_{x \to a} x = a \cdot a \cdot a = a^3$$

(2) 구하는 극한값은 다음과 같다.

$$\lim_{x \to a} (4x^3 - 1) = 4 \lim_{x \to a} x^3 - \lim_{x \to a} 1 = 4a^3 - 1$$

(3) 구하는 극한값은 다음과 같다.

$$\begin{aligned}\lim_{x \to a} (2x+1)(x^2-5) &= \lim_{x \to a} (2x+1) \lim_{x \to a} (x^2-5) \\ &= (2a+1)(a^2-5) \\ &= 2a^3 + a^2 - 10a - 5\end{aligned}$$

(4) 구하는 극한값은 다음과 같다.

$$\lim_{x \to a} \frac{x^3 + 4x^2 - 3}{x^2 + 5} = \frac{\lim_{x \to a} (x^3 + 4x^2 - 3)}{\lim_{x \to a} (x^2 + 5)} = \frac{a^3 + 4a^2 - 3}{a^2 + 5}$$

■

참고 3.15

$f(x)$가 다항함수이거나 분모가 0이 아닌 분수함수일 때 언제나 등식

$$\lim_{x \to a} f(x) = f(a) \tag{3.3}$$

이 성립한다. 하지만, 일반적인 함수의 경우 $x \to a$, $x \to \infty$ 또는 $x \to -\infty$일 때 $f(x)$의 극한값이 부정형

$$\frac{0}{0}, \qquad \frac{\infty}{\infty}, \qquad \infty - \infty, \qquad 0 \times \infty$$

으로 주어지는 경우가 있는데, 이 때는 일반적으로 주어진 식을 변형하여 부정형이 아닌 꼴로 고쳐서 극한값을 구한다. 부정형의 극한을 구할 때 다음의 방법을 사용할 수 있다.

(1) $\frac{0}{0}$ 꼴:

- 분수식인 경우 분모, 분자를 인수분해하고 약분한다.
- 무리식인 경우 무리식을 유리화 한다.

(2) $\frac{\infty}{\infty}$ 꼴: 분모의 최고차항으로 분모, 분자를 나눈다.

(3) $\infty - \infty$ 꼴:

- 다항식인 경우 최고차항으로 묶는다.
- 무리식인 경우 무리식을 유리화 한다.

(4) $0 \times \infty$ 꼴: $c \times \infty$, $\frac{c}{\infty}$, $\frac{c}{0}$, $\frac{0}{0}$, $\frac{\infty}{\infty}$ 등의 꼴로 변형한다. (c는 상수)

예제 3.16

다음 극한값을 구하시오.

(1) $\lim_{x \to 2} \frac{x^2 - 4}{x - 2}$

(2) $\lim_{x \to 2} \frac{1 - \sqrt{x-1}}{x - 2}$

(3) $\lim_{x \to \infty} \frac{2x^2 + x - 1}{x^2 - x + 3}$

(4) $\lim_{x \to \infty} (\sqrt{x^2 + x} - x)$

(5) $\lim_{x \to \infty} (|x| - x^2)$

(6) $\lim_{x \to 1} \frac{1}{x - 1} \left(\frac{1}{x^2} - 1 \right)$

풀이 (1) $\frac{0}{0}$ 꼴: 구하는 극한값은 다음과 같다.

$$\lim_{x \to 2} \frac{x^2 - 4}{x - 2} = \lim_{x \to 2} \frac{(x+2)(x-2)}{x - 2} = \lim_{x \to 2} (x + 2) = 4$$

(2) $\frac{0}{0}$ 꼴: 구하는 극한값은 다음과 같다.

$$\begin{aligned} \lim_{x \to 2} \frac{1 - \sqrt{x-1}}{x - 2} &= \lim_{x \to 2} \frac{(1 - \sqrt{x-1})(1 + \sqrt{x-1})}{(x-2)(1 + \sqrt{x-1})} \\ &= \lim_{x \to 2} \frac{2 - x}{(x-2)(1 + \sqrt{x-1})} = \lim_{x \to 2} \frac{-1}{1 + \sqrt{x-1}} \\ &= -\frac{1}{2} \end{aligned}$$

(3) $\frac{\infty}{\infty}$ 꼴: 구하는 극한값은 다음과 같다.

$$\lim_{x\to\infty}\frac{2x^2+x-1}{x^2-x+3}=\lim_{x\to\infty}\frac{2+\frac{1}{x}-\frac{1}{x^2}}{1-\frac{1}{x}+\frac{3}{x^2}}=\frac{2+0-0}{1-0+3\times 0}=2$$

(4) $\infty-\infty$ 꼴: 구하는 극한값은 다음과 같다.

$$\begin{aligned}\lim_{x\to\infty}(\sqrt{x^2+x}-x)&=\lim_{x\to\infty}\frac{(\sqrt{x^2+x}-x)(\sqrt{x^2+x}+x)}{\sqrt{x^2+x}+x}\\&=\lim_{x\to\infty}\frac{x}{\sqrt{x^2+x}+x}=\lim_{x\to\infty}\frac{1}{\sqrt{1+\frac{1}{x}}+1}\\&=\frac{1}{2}\end{aligned}$$

(5) $\infty-\infty$ 꼴: 구하는 극한값은 다음과 같다.

$$\lim_{x\to\infty}(|x|-x^2)=\lim_{x\to\infty}|x|^2\left(\frac{1}{|x|}-1\right)=\infty\cdot(-1)=-\infty$$

(6) $0\times\infty$ 꼴: 구하는 극한값은 다음과 같다.

$$\begin{aligned}\lim_{x\to 1}\frac{1}{x-1}\left(\frac{1}{x^2}-1\right)&=\lim_{x\to 1}\frac{1}{x-1}\left(\frac{1-x^2}{x^2}\right)\\&=-\lim_{x\to 1}\frac{1}{x-1}\left(\frac{(x+1)(x-1)}{x^2}\right)\\&=-\lim_{x\to 1}\frac{x+1}{x^2}=-2\end{aligned}$$

■

한편, $\lim_{x\to a}g(x)=0$이고, $\lim_{x\to a}\frac{f(x)}{g(x)}=b$이면 함수의 극한의 성질에 의하여

$$\lim_{x\to a}f(x)=\lim_{x\to a}\frac{f(x)}{g(x)}\cdot g(x)=b\cdot 0=0$$

이므로, $\lim_{x\to a}f(x)=0$이 성립한다. 따라서 다음 따름정리를 얻는다.

따름정리 3.17 $\lim_{x\to a}g(x)=0$이고, $\lim_{x\to a}\frac{f(x)}{g(x)}=b$이면, $\lim_{x\to a}f(x)=0$ 이다.

예제 3.18

$\lim_{x\to 2}\frac{x^2+ax+b}{x-2}=5$가 성립하도록 상수 a, b의 값을 정하시오.

풀이 $\lim_{x\to 2}(x-2)=0$이므로, 등식이 성립하기 위해서는

$$\lim_{x\to 2}(x^2+ax+b)=4+2a+b=0$$

이어야 한다. 따라서,

$$b = -2a - 4$$

이다. 이 때,

$$\begin{aligned} 5 = \lim_{x\to 2}\frac{x^2+ax+b}{x-2} &= \lim_{x\to 2}\frac{x^2+ax-2a-4}{x-2} \\ &= \lim_{x\to 2}\frac{(x-2)(x+a+2)}{x-2} \\ &= a+4 \end{aligned}$$

이므로, $a=1$, $b=-6$이다. ■

예제 3.19

다음을 만족시키는 다항식 $f(x)$를 구하시오.

$$\lim_{x\to\infty}\frac{f(x)}{x^2+x+1} = 1$$

풀이 다항식 $f(x)$의 차수가 3차 이상인 경우 $\lim_{x\to\infty}\frac{f(x)}{x^2+x+1} = \infty$ 이고, 1차 이하인 경우 $\lim_{x\to\infty}\frac{f(x)}{x^2+x+1} = 0$ 이 된다. 따라서, 다항식 $f(x)$는 2차식이고 최고차항의 계수는 1이다. 즉, 구하는 다항식은 $f(x) = x^2+ax+b$ (a, b는 상수) 이다. ■

예제 3.20

다항식 $f(x)$가

$$\lim_{x\to -1}\frac{f(x)}{x^2-x-2} = 2$$

를 만족한다고 할 때, 다음 물음에 답하시오.

(1) 다항식 $f(x)$의 일반적인 형태를 구하시오.

(2) 이차다항식 $f(x)$의 일반적인 형를 구하시오.

(3) 최고차항의 계수가 1인 이차다항식 $f(x)$를 구하시오.

풀이 (1) 따름정리 3.17에 의하여 주어진 조건 $\lim_{x\to -1}\frac{f(x)}{x^2-x-2} = 2$로부터 $f(-1) = 0$이다. 그러므로 적당한 다항식 $g(x)$에 대하여

$$f(x) = (x+1)g(x)$$

이다. 따라서 주어진 조건을 다시 적용하면

$$2 = \lim_{x\to-1} \frac{f(x)}{x^2-x-2} = \lim_{x\to-1} \frac{(x+1)g(x)}{(x+1)(x-2)} = \frac{g(-1)}{-3}$$

이므로 $g(-1) = -6$이다. 따라서 $g(-1) = -6$을 만족하는 모든 다항식 $g(x)$에 대하여 구하는 다항식은 $f(x) = (x+1)g(x)$이다.

(2) $f(x)$가 이차다항식이므로 (1)로부터 $a \neq 0$인 상수와 적당한 상수 b에 대하여

$$f(x) = (x+1)(ax+b)$$

이다. 이 때, $g(x) = ax+b$에 대하여 $g(-1) = -a+b = -6$이 성립해야 하므로 $b = a-6$이다. 따라서 구하는 다항식은 $f(x) = (x+1)(ax+a-6)(a \neq 0)$이다.

(3) 최고차항의 계수가 1인 이차다항식 $f(x)$는 (2)로부터 $f(x) = (x+1)(x-5)$이다. ■

함수의 극한에 대하여 대소 관계가 성립한다.

정리 3.21 a의 적당한 근방의 모든 x에 대하여 $0 \leq f(x)$이고 극한값 $\lim_{x\to a} f(x)$가 존재하면

$$0 \leq \lim_{x\to a} f(x)$$

가 성립한다.

정리 3.22 a의 적당한 근방의 모든 x에 대하여 $f(x) \leq g(x)$이고 극한값 $\lim_{x\to a} f(x)$와 $\lim_{x\to a} g(x)$가 각각 존재하면

$$\lim_{x\to a} f(x) \leq \lim_{x\to a} g(x)$$

가 성립한다.

증명 가정에 의하여 a의 적당한 근방의 모든 x에 대하여 $0 \leq g(x) - f(x)$이고 정리 3.13과 가정에 의하여 극한값 $\lim_{x\to a}(g(x) - f(x))$가 존재하므로 정리 3.21에 의하여

$$0 \leq \lim_{x\to a}(g(x) - f(x)) = \lim_{x\to a} g(x) - \lim_{x\to a} f(x)$$

가 성립한다. 따라서

$$\lim_{x\to a} f(x) \le \lim_{x\to a} g(x)$$

가 성립한다. ■

정리 3.23 함수에 관한 조임정리(squeeze theorem)

a의 적당한 근방의 모든 x에 대하여

$$f(x) \le g(x) \le h(x)$$

이고 $\lim_{x\to a} f(x) = \lim_{x\to a} h(x) = L$이면 $\lim_{x\to a} g(x) = L$이다.

예제 3.24

다음 극한을 구하시오.

(1) $\lim_{x\to 0} x^2 \sin\frac{1}{x}$ (2) $\lim_{x\to 0} x\cos\frac{1}{x}$

풀이 (1) $x \ne 0$일 때, $-1 \le \sin\frac{1}{x} \le 1$이므로,

$$-x^2 \le x^2 \sin\frac{1}{x} \le x^2$$

이다. 이 때 $\lim_{x\to 0}(-x^2) = \lim_{x\to 0} x^2 = 0$이므로, 정리 3.23에 의하여 $\lim_{x\to 0} x^2 \sin\frac{1}{x} = 0$이다.

(2) $x \ne 0$일 때,

$$0 \le \left| x\cos\frac{1}{x} \right| \le |x|$$

이 성립하므로 정리 3.23에 의하여 $\lim_{x\to 0}\left| x\cos\frac{1}{x} \right| = 0$이다. 따라서 $\lim_{x\to 0} x\cos\frac{1}{x} = 0$이다. ■

예제 3.25

극한값 $\lim_{x\to\infty} \frac{\cos(x-1)}{x^2}$을 구하시오.

풀이 $z = \frac{1}{x}$라 하면, $x \to \infty$일 때 $z \to 0$이다. 또한, $z \ne 0$인 경우

$$z^2 \cos\left(\frac{1}{z} - 1\right) = \frac{\cos(x-1)}{x^2},\ 0 \le \left| z^2 \cos\left(\frac{1}{z} - 1\right) \right| \le |z^2|$$

이 성립한다. 따라서, 정리 3.23에 의하여 $\lim_{z\to 0}\left|z^2\cos\left(\frac{1}{z}-1\right)\right| = 0$을 얻을 수 있으므로 $\lim_{x\to\infty}\frac{\cos(x-1)}{x^2} = 0$이다. ■

3.1 연습문제

1. 다음 극한값을 구하시오.

(1) $\lim_{x\to 4}\frac{\sqrt{x}-2}{x-4}$　　(2) $\lim_{x\to 0}\frac{\sqrt{1+x}-\sqrt{1-x}}{x}$

(3) $\lim_{x\to 0}\frac{x}{\sqrt{x+4}-2}$

2. 다음 극한값을 구하시오.

(1) $\lim_{x\to\infty}\frac{x^3-1}{-2x^3+x+1}$　　(2) $\lim_{x\to\infty}\frac{4x^2-3x+2}{2x^2+1}$

(3) $\lim_{x\to\infty}\frac{\sqrt{x^2+4}-2}{x}$　　(4) $\lim_{x\to\infty}(\sqrt{x+1}-\sqrt{x})$

(5) $\lim_{x\to\infty}\{\sqrt{x(x+1)}-(x+1)\}$

3. 다음 등식이 성립하도록 상수 a, b의 값을 정하시오.

$$\lim_{x\to 0}\frac{a\sqrt{x+1}+b}{x} = 1$$

4. 다음 극한값을 구하시오.

(1) $\lim_{x\to\infty}\frac{1}{x}\cos x$　　(2) $\lim_{x\to 0}\sin x\cos\frac{1}{x}$

3.2 함수의 연속성

함수가 끊기지 않고 연속됨을 말하는 함수의 연속성은 극한을 통해 정의한다. 즉, 그림 3.5에서 처럼 함수가 a에서 끊어지지 않는 경우 직관적으로 a에서의 함숫값과 a로의 함수의 극한값이 서로 같아야 함을 알 수 있는데, 이를 반영한 것이다.

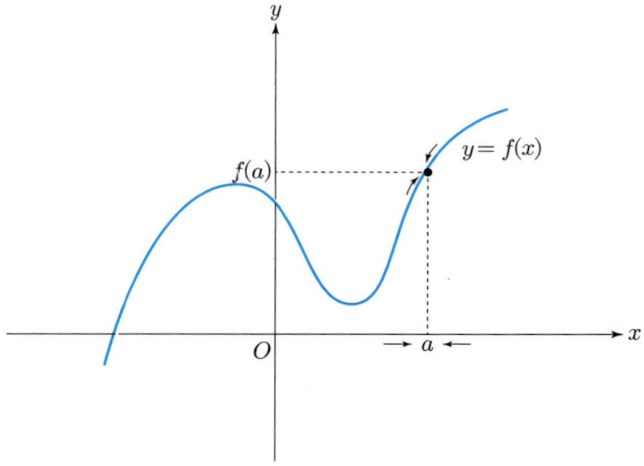

그림 3.5

정의 3.26 함수 $f(x)$가 다음 세 조건

(i) $f(a)$가 정의된다.

(ii) $\lim_{x \to a} f(x)$가 존재한다.

(iii) $\lim_{x \to a} f(x) = f(a)$

를 만족할 때, $f(x)$는 $x = a$에서 **연속**(continuous)이라고 한다.

정의 3.27 함수 $f(x)$가 정의역의 모든 점에서 연속일 때, $f(x)$를 **연속함수**(continuous function)라 한다. 또한 $f(x)$가 $x = a$에서 연속이 아닐 때, $f(x)$는 $x = a$에서 **불연속**이라고 한다.

참고 3.28

함수 f가 다음 중 하나를 만족하면 f는 $x = a$에서 불연속이다.

(i) 함수 f가 $x = a$에서 정의되지 않는다, 즉 a가 f의 정의역의 원소가 아니다.

(ii) f에 대하여 극한 $\lim_{x \to a} f(x)$가 존재하지 않는다.

(iii) $\lim_{x \to a} f(x) \neq f(a)$이다.

예제 3.29

함수 $f(x) = \begin{cases} x^3 - 1, & x \neq 0 \\ 0, & x = 0 \end{cases}$ 는 다음의 이유로 $x = 0$에서 불연속이다.

$$\lim_{x \to 0} f(x) = \lim_{x \to 0} (x^3 - 1) = -1 \neq 0 = f(0)$$

예제 3.30

함수 $f(x) = \dfrac{x^2 - 1}{x - 1}$는 $x = 1$에서 정의되어 있지 않으므로 $x = 1$에서 불연속이다. 하지만, $\lim_{x \to 1} f(x) = 2$이므로 $x = 1$에서의 함숫값을 $f(1) = 2$로 새로 정의하면 f는 $x = 1$에서 연속함수가 된다. 또한, $x \neq 1$인 모든 실수 x에 대하여 $f(x) = x + 1$이므로 함수 f는 $x \neq 1$인 모든 실수 x에서 연속이기 때문에 새로 정의한 함수 f는 실수집합 위에서 연속함수이다.

예제 3.31

$f(x) = x \sin \dfrac{1}{x}$은 $x = 0$에서 정의되어 있지 않으므로 $x = 0$에서 불연속이지만, 조임정리로 부터 $\lim_{x \to 0} f(x) = 0$을 알 수 있으므로 다음의 함수는 $x = 0$에서 연속이다.

$$g(x) = \begin{cases} x \sin \dfrac{1}{x}, & x \neq 0 \\ 0, & x = 0 \end{cases}$$

예제 3.32

주어진 실수 a에 대하여 정의된 함수

$$f(x) = \begin{cases} \dfrac{x}{|x|}, & x \neq 0; \\ a, & x = 0 \end{cases}$$

에 대하여 $\lim_{x \to 0^+} f(x) = 1$이고 $\lim_{x \to 0^-} f(x) = -1$이므로 극한 $\lim_{x \to 0} f(x)$가 존재하지 않는다. 따라서 함수 f는 어떠한 실수 a에 대해서도 $x = 0$에서 불연속이다.

정리 3.33 함수 $f(x)$, $g(x)$가 각각 $x = a$에서 연속이면, 다음의 함수 또한 $x = a$에서 연속이다.

(1) $f(x) \pm g(x)$ (2) $\alpha f(x)$ (단, α : 상수)

(3) $f(x)g(x)$ (4) $f(x)/g(x)$ (단, $g(a) \neq 0$)

증명 가정에서 함수 $f(x)$와 $g(x)$가 각각 $x = a$에서 연속이므로, 연속함수의 정의 3.26으로부터

$$\lim_{x \to a} f(x) = f(a), \qquad \lim_{x \to a} g(x) = g(a)$$

이 성립한다. 따라서 극한의 성질(정리 3.13)에 의하여

(1) $\lim_{x \to a}(f(x) + g(x)) = \lim_{x \to a} f(x) + \lim_{x \to a} g(x) = f(a) + g(a)$

(2) $\lim_{x \to a} \alpha f(x) = \alpha \lim_{x \to a} f(x) = \alpha f(a)$

(3) $\lim_{x \to a}(f(x)g(x)) = \left(\lim_{x \to a} f(x)\right)\left(\lim_{x \to a} g(x)\right) = f(a)g(a)$

(4) $\lim_{x \to a} \dfrac{f(x)}{g(x)} = \dfrac{\lim_{x \to a} f(x)}{\lim_{x \to a} g(x)} = \dfrac{f(a)}{g(a)}$ (단, $g(a) \neq 0$)

가 성립하므로 (1), (2), (3)과 (4)의 네 함수는 $x = a$에서 연속이다. ■

다음 정리는 연속함수의 합성함수가 다시 연속함수가 됨을 설명한다.

정리 3.34 함수 $g(x)$가 $x = a$에서 연속이고, 함수 $f(y)$가 $y = g(a)$에서 연속이면, 합성함수 $(f \circ g)(x)$도 $x = a$에서 연속이다.

예제 3.35

$x = 0$에서 연속인 두 함수 f와 g에 대하여 $f(0) = 0$이면

$$\lim_{x \to 0}(f(x)g(x)^2) = 0 \qquad \lim_{x \to 0}(g(f(x))^2 = g(0)^2$$

이 성립함을 증명하시오.

풀이 연속의 정의와 정리 3.33, 3.34로부터 다음이 성립함을 알 수 있다.

$$\lim_{x \to 0}(f(x)g(x)^2) = f(0)g(0)^2 = 0 \cdot g(0)^2 = 0$$

$$\lim_{x \to 0}(g(f(x)))^2 = g(f(0))^2 = g(0)^2$$

■

폐구간에서 연속인 함수는 매우 중요한 두 성질을 가지는데 **최대최소 정리**(maximun-minimum theorem)와 **중간값 정리**(intermediate value theorem)이다. 이들 정리의 증명을 위해서는 이 책의 범위를 벗어나는 보다 많은 수학적 지식을 필요로 하므로 여기서는 그 내용만을 소개하기로 한다.

정리 3.36 최대최소 정리

폐구간 $[a, b]$에서 f가 연속이면, 임의의 $x \in [a, b]$에 대하여

$$f(c) \leq f(x) \leq f(d)$$

를 만족하는 적당한 $c \in [a, b]$와 $d \in [a, b]$가 존재한다. 이때, $f(c)$와 $f(d)$를 각각 f의 구간 $[a, b]$에서의 **최솟값**과 **최댓값**이라 한다.

위의 정리는 연속이 아닌 함수 또는 연속이라도 정의역이 폐구간이 아닌 경우에는 성립하지 않는다.

예제 3.37

(1) $f(x) = \begin{cases} |x|, & x \neq 0 \\ 1, & x = 0 \end{cases}$ 일 때, 함수 $f(x)$는 폐구간 $[-1, 1]$에서 연속인 함수가 아니고 최댓값은 1이지만, 최솟값은 없다.

(2) 개구간 $(0, 1)$에서 정의된 함수 $f(x) = x + 1$은 연속함수이지만, 최댓값과 최솟값을 가지지 못한다.

정리 3.38 중간값 정리

폐구간 $[a, b]$에서 함수 $f(x)$가 연속이고, k가 $f(a)$와 $f(b)$ 사이의 값이면, 적당한 $c \in (a, b)$가 존재하여 $f(c) = k$이다.

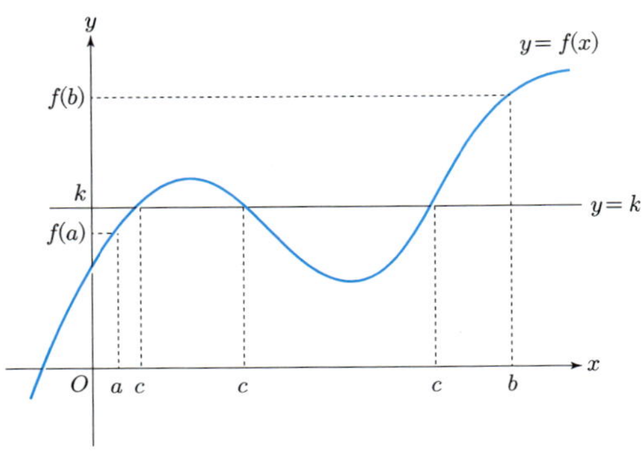

그림 3.6

그림 3.6에서 중간값 정리에 대한 직관적인 의미를 이해할 수 있다. 폐구간 $[a, b]$에서 연속인 함수가 주어져 있을 때, $f(a) < k < f(b)$인 k에 대하여 $f(x) = k$를 만족하는 점이 (a, b)에 존재한다.

중간값 정리의 응용으로서, 함수 $f(x)$가 폐구간 $[a, b]$에서 연속이고 $f(a)$와 $f(b)$의 부호가 서로 다르면, 즉 $f(a) \cdot f(b) < 0$이면 방정식 $f(x) = 0$은 개구간 (a, b) 안에서 적어도 하나의 실근을 가짐을 알 수 있다. 다음 예로서 이를 확인해보자.

예제 3.39

방정식 $x^3 - x^2 + 3x - 5 = 0$의 근이 1과 2사이에 적어도 하나 존재함을 보이시오.

풀이 $f(x) = x^3 - x^2 + 3x - 5$라 하자. 그러면 $f(x)$는 $[1, 2]$에서 연속이고

$$f(1) = 1 - 1 + 3 - 5 = -2 < 0$$
$$f(2) = 8 - 4 + 6 - 5 = 5 > 0$$

이다. 따라서, $f(1) < 0 < f(2)$이므로, 중간값의 정리에 의해서 $f(c) = 0$이 되는 c가 $(1, 2)$ 안에 적어도 하나 존재한다. ■

예제 3.40

방정식 $5\sin x - 2\cos x + 1 = 0$의 근이 0과 $\frac{\pi}{2}$ 사이에 적어도 하나 존재함을 보이시오.

풀이 $f(x) = 5\sin x - 2\cos x + 1$라 하자. 그러면 $f(x)$는 $\left[0, \frac{\pi}{2}\right]$에서 연속이고

$$f(0) = 0 - 2 + 1 = -1 < 0, \quad f\left(\frac{\pi}{2}\right) = 5 - 0 + 1 = 6 > 0$$

이다. 따라서, $f(0) < 0 < f\left(\frac{\pi}{2}\right)$이므로, 중간값의 정리에 의해서 $f(c) = 0$이 되는 c가 $\left(1, \frac{\pi}{2}\right)$ 안에 적어도 하나 존재한다. ■

3.2 연습문제

1. 다음 함수에서 불연속인 점을 구하시오. 또 그 점에서 연속이 되게 하려면 어떻게 함숫값을 정의하여야 하는가?

(1) $f(x) = \dfrac{3-\sqrt{x}}{9-x}$ (2) $f(x) = \dfrac{x^3+64}{x+4}$

2. 함수

$$f(x) = \begin{cases} x\sin\dfrac{1}{x}, & (x \neq 0) \\ a, & (x = 0) \end{cases}$$

의 연속성을 조사하시오.

3. 방정식 $2x^3 - 6x^2 + x + 2 = 0$의 근이 0과 1 사이에 적어도 하나 존재함을 보이시오.

4. $f(x) = x^3 - x^2 + x$일 때 $f(c) = 10$이 되는 c가 존재함을 보이시오.

5. 폐구간 $[-1, 1]$에서 연속이 아니므로 중간값 정리가 성립하지 않는 함수 $f(x)$의 예를 제시하시오.

3.3 삼각함수와 지수·로그함수의 극한

3.3.1 삼각함수의 극한

다음은 삼각함수에 관한 극한값 계산에서 가장 유용하게 사용되는 공식이다. 또한, 이 공식은 앞으로 다루게 될 삼각함수의 미분법에서 기본이 되는 중요한 정리이기도 하다.

정리 3.41 $\lim_{x \to 0} \frac{\sin x}{x} = 1$

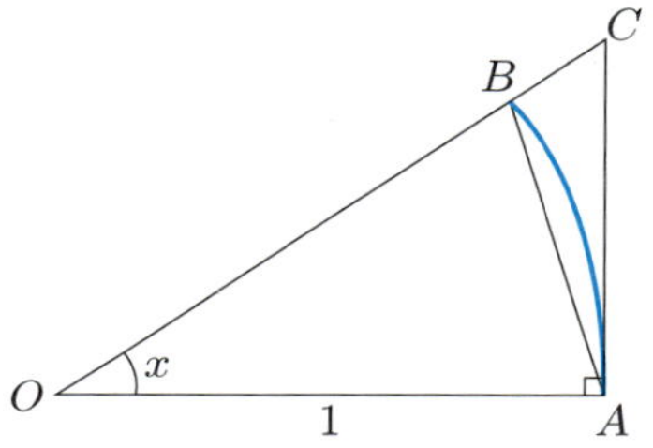

그림 3.7

증명 그림 3.7로부터 $0 < x < \frac{\pi}{2}$일 때,

$$(\text{삼각형 OAB의 면적}) = \frac{1}{2}\sin x$$
$$(\text{부채꼴 OAB의 면적}) = \frac{x}{2\pi}\cdot(\text{원의 면적}) = \frac{x}{2\pi}\cdot\pi = \frac{x}{2}$$
$$(\text{삼각형 OAC의 면적}) = \frac{1}{2}\tan x$$

을 얻는다. 이들 면적 사이에는

$$(\text{삼각형 OAB의 면적}) \leq (\text{부채꼴 OAB의 면적}) \leq (\text{삼각형 OAC의 면적})$$

의 관계가 있으므로

$$\frac{\sin x}{2} \leq \frac{x}{2} \leq \frac{1}{2}\frac{\sin x}{\cos x}$$

가 된다. 따라서

$$\cos x \leq \frac{\sin x}{x} \leq 1$$

가 성립한다. 또 $\cos(-x) = \cos x$이고 $\frac{\sin(-x)}{-x} = \frac{\sin x}{x}$이므로 $-\frac{\pi}{2} < x < 0$인 x에 대해서도 성립한다. 즉,

$$\cos x \le \frac{\sin x}{x} \le 1 \qquad (-\frac{\pi}{2} < x < \frac{\pi}{2})$$

그런데 cos은 연속함수이므로 $\lim_{x\to 0} \cos x = \cos 0 = 1$이고 조임정리 3.23에 의하여

$$\lim_{x\to 0} \frac{\sin x}{x} = 1$$

이 성립한다. ■

예제 3.42

등식 $\lim_{x\to 0} \frac{\cos x - 1}{x} = 0$을 보이시오.

풀이 정리 3.41을 이용하여 다음과 같이 극한을 구한다.

$$\begin{aligned}\lim_{x\to 0} \frac{\cos x - 1}{x} &= \lim_{x\to 0} \left(\frac{\cos x - 1}{x} \cdot \frac{\cos x + 1}{\cos x + 1}\right) = \lim_{x\to 0} \frac{\cos^2 x - 1}{x(\cos x + 1)} \\ &= \lim_{x\to 0} \frac{-\sin^2 x}{x(\cos x + 1)} = -\lim_{x\to 0} \left(\frac{\sin x}{x} \cdot \frac{\sin x}{\cos x + 1}\right) \\ &= -\left(\lim_{x\to 0} \frac{\sin x}{x}\right)\left(\lim_{x\to 0} \frac{\sin x}{\cos x + 1}\right) = -1 \cdot \frac{0}{1+1} = 0\end{aligned}$$

■

앞서 살펴본 삼각함수의 극한을 활용하면 다음과 같이 보다 다양한 함수의 극한을 계산할 수 있다.

예제 3.43

다음 극한값을 구하시오.

(1) $\lim_{x\to 0} \frac{\sin 3x}{2x}$

(2) $\lim_{x\to 0} \frac{1 - \cos x}{x^2}$

(3) $\lim_{x\to \frac{\pi}{3}} \frac{\pi - 3x}{\sin(x - \frac{\pi}{3})}$

(4) $\lim_{x\to 0} \frac{\tan x}{x}$

풀이 (1) $\frac{\sin 3x}{2x} = \frac{3}{2} \cdot \frac{\sin 3x}{3x}$이므로, 여기서 $3x = \theta$로 놓으면 $x \to 0$일 때 $\theta \to 0$이다. 따라서 구하는 극한값은 다음과 같다.

$$\lim_{x\to 0} \frac{\sin 3x}{2x} = \lim_{x\to 0} \frac{3}{2} \cdot \frac{\sin 3x}{3x} = \frac{3}{2} \cdot \lim_{\theta\to 0} \frac{\sin \theta}{\theta} = \frac{3}{2} \cdot 1 = \frac{3}{2}$$

(2) 식을 변형하면

$$1 - \cos x = \frac{1 - \cos^2 x}{1 + \cos x} = \frac{\sin^2 x}{1 + \cos x}$$

이고

$$\frac{1-\cos x}{x^2} = \frac{1}{1+\cos x}\left(\frac{\sin x}{x}\right)^2$$

이다. 여기서 $x \to 0$ 이면 $1+\cos x \to 2$, $\dfrac{\sin x}{x} \to 1$ 이므로, 구하는 극한값은 다음과 같다.

$$\lim_{x\to 0}\frac{1-\cos x}{x^2} = \lim_{x\to 0}\frac{1}{1+\cos x}\left(\frac{\sin x}{x}\right)^2 = \frac{1}{2}\cdot 1 = \frac{1}{2}$$

(3) $x - \dfrac{\pi}{3} = \theta$ 라고 놓으면, $x \to \dfrac{\pi}{3}$ 일 때 $\theta \to 0$ 이고,

$$\pi - 3x = -3\left(x - \frac{\pi}{3}\right) = -3\theta$$

이므로, 구하는 극한값은 다음과 같다.

$$\lim_{x\to\frac{\pi}{3}}\frac{\pi-3x}{\sin(x-\frac{\pi}{3})} = \lim_{\theta\to 0}\frac{-3\theta}{\sin\theta} = -3\lim_{\theta\to 0}\frac{\theta}{\sin\theta} = -3\lim_{\theta\to 0}\frac{1}{\frac{\sin\theta}{\theta}} = -3$$

(4) 구하는 극한값은 다음과 같다.

$$\lim_{x\to 0}\frac{\tan x}{x} = \lim_{x\to 0}\frac{\sin x}{x\cos x} = \left[\lim_{x\to 0}\frac{\sin x}{x}\right]\cdot\left[\lim_{x\to 0}\frac{1}{\cos x}\right] = 1$$

■

3.3.2 지수함수와 로그함수의 극한

$a > 0$, $a \neq 1$ 인 실수 a 에 대하여, 지수 함수 $y = a^x$ 은 실수 전체의 집합을 정의역으로 하는 함수이고, 그 그래프는 a의 값에 따라 다음과 같이 그려진다.

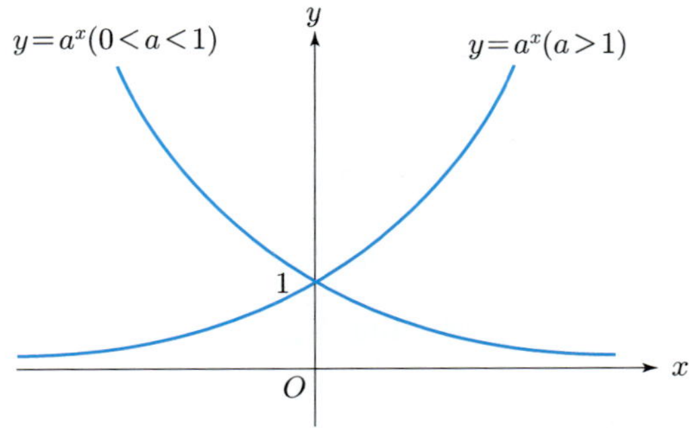

그림 3.8

이 그래프에서 알 수 있듯이 지수함수의 극한값은 다음과 같다.

(1) $a > 1$일 때, $\lim\limits_{x\to\infty} a^x = \infty$, $\lim\limits_{x\to-\infty} a^x = 0$

(2) $0 < a < 1$일 때, $\lim_{x \to \infty} a^x = 0$, $\lim_{x \to -\infty} a^x = \infty$

예제 3.44

극한값 $\lim_{x \to \infty} \frac{2^x - 2^{-x}}{2^x + 2^{-x}}$ 을 구하시오.

풀이 구하는 극한값은 다음과 같다.

$$\begin{aligned}\lim_{x \to \infty} \frac{2^x - 2^{-x}}{2^x + 2^{-x}} &= \lim_{x \to \infty} \frac{2^x(1 - 2^{-2x})}{2^x(1 + 2^{-2x})} \\ &= \lim_{x \to \infty} \frac{1 - 2^{-2x}}{1 + 2^{-2x}} \\ &= 1\end{aligned}$$

■

$a > 0$, $a \neq 0$ 인 실수에 대하여, 로그함수 $y = \log_a x$는 지수함수 $y = a^x$ 의 역함수이므로 그 그래프는 $y = a^x$ 의 그래프를 직선 $y = x$에 대하여 대칭이동시킨 것과 같다.

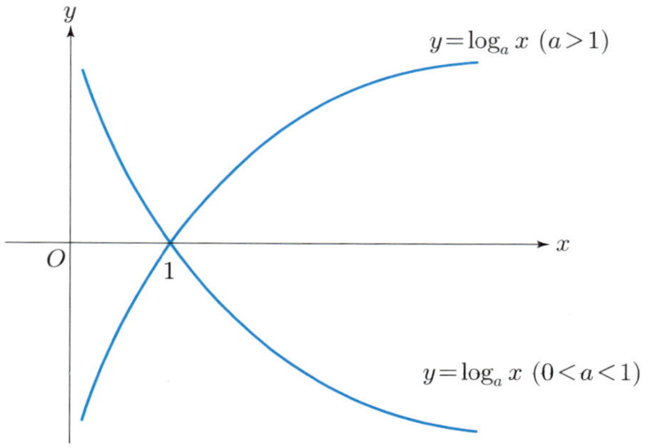

그림 3.9

따라서 로그함수의 극한값은 다음과 같다.

(1) $a > 1$일 때, $\lim_{x \to 0+} \log_a x = -\infty$, $\lim_{x \to \infty} \log_a x = \infty$

(2) $0 < a < 1$일 때, $\lim_{x \to 0+} \log_a x = \infty$, $\lim_{x \to \infty} \log_a x = -\infty$

예제 3.45

극한값 $\lim_{x \to \infty} (\log_2(1 + x) - \log_2 x)$ 을 구하시오.

풀이 구하는 극한값은 다음과 같다.

$$\begin{aligned}\lim_{x\to\infty}(\log_2(1+x)-\log_2 x) &= \lim_{x\to\infty}\log_2\frac{1+x}{x}\\ &= \lim_{x\to\infty}\log_2\left(\frac{1}{x}+1\right)\\ &= \log_2 1 = 0\end{aligned}$$

■

예제 3.46

극한값 $\lim_{x\to 0+}(\log_2(\sin x)-\log_2 x)$ 을 구하시오.

풀이 정리 3.41을 이용해 극한값 다음과 같이 구할 수 있다.

$$\lim_{x\to 0+}(\log_2(\sin x)-\log_2 x) = \lim_{x\to 0+}\log_2\frac{\sin x}{x} = \log_2 1 = 0$$

■

다양한 분야에서 매우 중요하게 사용되는 극한 $\lim_{x\to 0}(1+x)^{\frac{1}{x}}$ 을 생각해보자.

x	$(1+x)^{\frac{1}{x}}$
0.1	2.59374⋯
0.01	2.70481⋯
0.001	2.71692⋯
0.0001	2.71814⋯
0.00001	2.71826⋯
⋮	⋮
−0.00001	2.71829⋯
−0.0001	2.71841⋯
−0.001	2.71964⋯
−0.01	2.73199⋯
−0.1	2.86797⋯

그림 3.10 표

그림 3.10는 x의 값에 따른 $(1+x)^{\frac{1}{x}}$ 의 값의 변화 상태를 표로 나타낸 것이다. 이 표에서 x의 값이 0에 가까워 짐에 따라 $(1+x)^{\frac{1}{x}}$ 의 값이 어떤 일정한 수에 수렴하고 있음을 엿볼 수 있다. 실제로, 극한값 $\lim_{x\to 0}(1+x)^{\frac{1}{x}}$ 이 존재하며, 그 극한값은 무리수임이 알려져 있다. 이 극한값은 e로 나타내며 대략적으로 $e = 2.71828182845\cdots$ 가 성립한다. 즉, e는 다음과 같이 극한으로 정의되는 무리수이다.

$$e = \lim_{x \to 0}(1+x)^{\frac{1}{x}} (= 2.178\cdots)$$

정리 3.47 다음의 등식이 성립한다.

(1) $\lim_{x\to\infty}\left(1+\frac{1}{x}\right)^x = e$ (2) $\lim_{x\to 0}\frac{\log_a(1+x)}{x} = \log_a e$

증명 (1) 주어진 등식에서 $z = \frac{1}{x}$라 하면 $x \to \infty$일 때 $z \to 0$가 성립하므로, 다음을 얻을 수 있다.

$$\lim_{x\to\infty}\left(1+\frac{1}{x}\right)^x = \lim_{z\to 0}(1+z)^{\frac{1}{z}} = e$$

(2) 로그함수 $\log_a$는 연속이기 때문에 다음을 얻을 수 있다.

$$\lim_{x\to 0}\frac{\log_a(1+x)}{x} = \lim_{x\to 0}\log_a(1+x)^{\frac{1}{x}} = \log_a\left(\lim_{x\to 0}(1+x)^{\frac{1}{x}}\right) = \log_a e$$

■

예제 3.48

다음 극한값을 구하시오.

(1) $\lim_{x\to 0}(1+2x)^{\frac{1}{3x}}$ (2) $\lim_{x\to\infty}\left(1+\frac{1}{x}\right)^{3x}$

풀이 (1) 구하는 극한값은 $\lim_{x\to 0}(1+2x)^{\frac{1}{3x}} = \lim_{x\to 0}\left\{(1+2x)^{\frac{1}{2x}}\right\}^{\frac{2}{3}} = e^{\frac{2}{3}}$이다.

(2) 구하는 극한값은 다음과 같다.

$$\lim_{x\to\infty}\left(1+\frac{1}{x}\right)^{3x} = \lim_{x\to\infty}\left\{\left(1+\frac{1}{x}\right)^x\right\}^3 = e^3$$

■

정리 3.49 다음의 등식이 성립한다.

(1) $\lim_{x\to 0}\frac{a^x-1}{x} = \ln a \quad (a \neq 1, a > 0)$ (2) $\lim_{x\to 0}\frac{e^x-1}{x} = 1$

증명 (1) $t = a^x - 1$이라고 놓으면 $a^x = 1+t$이므로 $x = \log_a(1+t)$이다. 따라서 $x \to 0$이면 $t \to 0$이므로 다음이 성립한다.

$$\lim_{x\to 0}\frac{a^x-1}{x} = \lim_{t\to 0}\frac{1}{\frac{\log_a(1+t)}{t}} = \lim_{t\to 0}\frac{1}{\log_a(1+t)^{\frac{1}{t}}} = \frac{1}{\log_a e} = \ln a$$

(2) (1)의 결과에 $a = e$를 적용하여 얻는다.

■

3.3 연습문제

1. 다음 극한값을 구하시오.

(1) $\lim_{x\to 0}\dfrac{\sin(\sin x)}{x}$ (2) $\lim_{x\to 0}\dfrac{1-\cos^2 x}{x\sin x}$

2. 다음 함수 $f(x)$가 $x=0$에서 연속이 되도록 상수 a, b 의 값을 정하시오.

$$f(x)=\begin{cases}\dfrac{a-\cos 2x}{x^2} & (x\neq 0)\\ b & (x=0)\end{cases}$$

3. 다음 극한값을 구하시오.

(1) $\lim_{x\to\infty}\dfrac{3^x}{3^x-2^x}$ (2) $\lim_{x\to\infty}(3^x+2^x)^{\frac{1}{x}}$

4. 다음 극한값을 구하시오.

(1) $\lim_{x\to\infty}\log_2(4x+1)$ (2) $\lim_{x\to 3^+}\log_{\frac{1}{2}}(x-3)$

(3) $\lim_{x\to\infty}\{\log_3(2x+1)-\log_3 x\}$

5. 다음 극한값을 구하시오.

(1) $\lim_{x\to\infty}\left(\dfrac{x}{1+x}\right)^x$ (2) $\lim_{x\to 0}(1+6x)^{\frac{1}{x}}$

(3) $\lim_{x\to 0}\dfrac{\ln(1+2x)}{x}$ (4) $\lim_{x\to 0}\frac{a^x-1}{x}(a>0)$

4장

미분법

미분의 개념은 17세기에 페르마(P. Fermat: 1601–1665)에 의하여 창안된 다항함수의 극대와 극소를 찾는 방법에서 그 기원을 찾을 수 있으며, 영국의 수학자 뉴턴(I. Newton: 1642–1727)과 독일의 수학자 라이프니츠(G. W. Leibniz: 1646–1716)에 의하여 거의 비슷한 시기에 독자적으로 개발된 후 많은 수학자들에 의하여 연구와 발전이 거듭되었으며, 코시(A. L. Cauchy: 1789–1857)를 거치면서 현재의 미적분학으로 체계를 갖추었다. 실제로 뉴턴은 역학계의 해석에서 사용되고 있는 가장 기초적인 개념인 속도와 가속도를 미분의 개념을 사용하여 수학적으로 설명하였다.

미분학이 개발된 동기로부터 자연스럽게 역학계의 해석에 미분의 개념을 광범위하게 활용할 수 있다. 특히, 역학계를 설명하는 가장 기초적인 개념이 함수이므로 주어진 함수의 극대와 극소, 최대와 최소를 구하는데 미분의 개념을 적용할 수 있음은 물론이고, 곡선의 접선과 곡선의 길이 및 곡률 등을 구하는 다양한 문제에 미분의 개념을 활용할 수 있다.

이 장에서는 미분의 개념과 함수의 미분 즉 도함수를 구하는 방법인 미분법을 다루고, 이를 활용하여 함수의 접선, 극댓값과 극솟값, 최댓값과 최솟값, 변곡점을 구하는 방법과 이를 종합하여 함수의 그래프를 그리는 방법을 미분의 응용으로서 다룬다.

4.1 미분계수와 접선의 방정식

부등식 $a < b$를 만족하는 $a, b \in \mathbb{R} \cup \{-\infty, \infty\}$에 대하여 $x_0 \in (a, b)$와 (a, b)에서 정의된 실숫값을 갖는 함수 $f : (a, b) \to \mathbb{R}$를 고려하자.

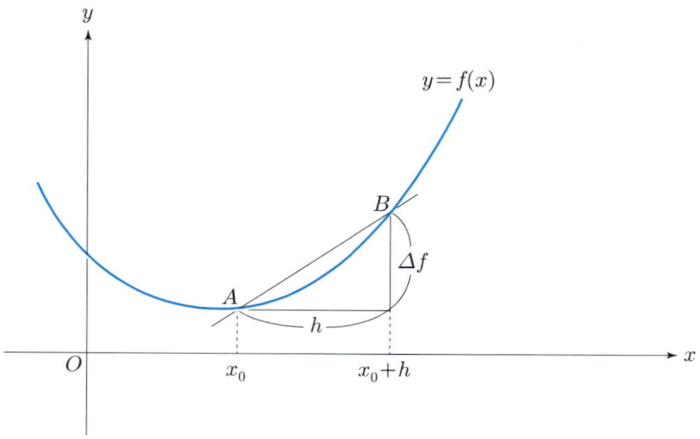

그림 4.1 평균변화율

이때, x_0가 h만큼 변했을 때의 변화량을 뜻하는 변수 x의 증분 $\triangle x = (x_0 + h) - x_0$와 이에 대응되는 함수 f의 증분 $\triangle f = f(x_0 + h) - f(x_0)$에 대하여 $\triangle f$를 $\triangle x$로

나눈 값

$$\frac{\triangle f}{\triangle x} = \frac{f(x_0+h)-f(x_0)}{h} \tag{4.1}$$

을 x가 x_0에서 x_0+h까지 변할 때 함수 f의 **평균변화율**(average rate of change)이라 한다. 이는 그림 4.1에서 직선 AB의 기울기와 같다. 물론, 이 평균변화율은 $h=0$일 때, 정의되지 않는다. 만약 $a=x_0$, $b=x_0+h$라 한다면 x가 a에서 b까지 변할 때 함수 $y=f(x)$의 평균변화율은 다음과 같이 쓰기도 한다.

$$\frac{\triangle f}{\triangle x} = \frac{f(b)-f(a)}{b-a}$$

예제 4.1

함수 $f(x)=3x^2$에 대하여 x의 값이 2부터 $2+h$까지 변할 때, 평균변화율을 구하시오.

풀이 변수 x의 증분 $\triangle x=(2+h)-2=h$이고

$$\triangle f = f(2+h)-f(2) = 3(2+h)^2-3\cdot 2^2 = 3h^2+12h$$

이므로 평균변화율은 다음과 같다.

$$\frac{\triangle f}{\triangle x} = \frac{f(2+h)-f(2)}{(2+h)-2} = \frac{3h^2+12h}{h} = 3h+12$$

■

정의 4.2 평균변화율 (4.1)에서 h가 0에 가까이 갈 때, 극한값

$$\lim_{\triangle x\to 0}\frac{\triangle f}{\triangle x} = \lim_{h\to 0}\frac{f(x_0+h)-f(x_0)}{h} \tag{4.2}$$

가 존재하면 이 값을 $x=x_0$에서 함수 f의 **미분계수**(differential coefficient) 또는 **순간변화율**(instantaneous rate of change)이라 하고 $f'(x_0)$으로 나타낸다. 또한, $f'(x_0)$이 존재할 때, 함수 f는 $x=x_0$에서 **미분가능**(differentiable)하다고 한다. 반면에 미분계수 $f'(x_0)$가 존재하지 않을 때, 함수 $f(x)$는 $x=x_0$에서 **미분불가능**(non-differentiable)하다고 한다. 특히, 어떤 함수 $f(x)$가 개구간 (a,b)의 모든 점에서 미분가능하면, 그 함수 $f(x)$는 구간 (a,b)에서 미분가능하다고 하고, 또한 함수 $f(x)$의 정의역에 있는 모든 점에서 미분가능할 때, 그 함수 $f(x)$를 **미분가능한 함수**(differentiable function)라 부른다.

식 (4.2)에서 $x_0 + h = x$라 하면 $h = x - x_0$이고 $h \to 0$일 때, $x \to x_0$이므로 미분계수 $f'(x_0)$을

$$f'(x_0) = \lim_{x \to x_0} \frac{f(x) - f(x_0)}{x - x_0}$$

으로 나타내기도 한다.

예제 4.3

다음 함수 f의 $x = 2$에서 미분계수 $f'(2)$를 구하시오.

(1) $f(x) = 3x^2$

(2) $f(x) = \sqrt{x}$

풀이 (1) 예제 4.1에서 x의 값이 2부터 $2+h$까지 변할 때, 함수 f의 평균변화율은 $\dfrac{\triangle f}{\triangle x} = 3h + 12$이므로 $x = 2$에서 f의 미분계수는 다음과 같다.

$$\lim_{\triangle x \to 0} \frac{\triangle f}{\triangle x} = \lim_{h \to 0}(3h + 12) = 12$$

(2) 변수 x가 2에서 $2+h$까지 변할 때, f의 평균변화율은

$$\frac{\triangle f}{\triangle x} = \frac{f(2+h) - f(2)}{h}$$

이다. 그 극한값은

$$\lim_{h \to 0} \frac{\sqrt{2+h} - \sqrt{2}}{h} = \lim_{h \to 0} \frac{(2+h) - 2}{h(\sqrt{2+h} + \sqrt{2})} = \lim_{h \to 0} \frac{1}{\sqrt{2+h} + \sqrt{2}} = \frac{1}{2\sqrt{2}}$$

이므로 $f'(2) = \dfrac{1}{2\sqrt{2}}$이다. ■

정의 4.2의 식 (4.2)에서 보는 바와 같이 미분계수는 함수의 극한을 이용하여 정의된다. 따라서 식 (4.2)에서 양수인 h로 제한한 경우에 우극한

$$\lim_{h \to 0^+} \frac{f(x_0 + h) - f(x_0)}{h}$$

이 존재하면, 그 극한값을 $x = x_0$에서 함수 $f(x)$의 **우미분계수**(right differential coefficient)라 하고 $f'_+(x_0)$과 같이 나타낸다. 즉,

$$f'_+(x_0) = \lim_{h \to 0^+} \frac{f(x_0 + h) - f(x_0)}{h} \tag{4.3}$$

이다. 반면에 식 (4.2)에서 음수인 h로 제한한 경우에 좌극한

$$\lim_{h \to 0^-} \frac{f(x_0 + h) - f(x_0)}{h}$$

이 존재하면, 그 극한값을 $x = x_0$에서 함수 $f(x)$의 **좌미분계수**(left differential coefficient)라 하고 $f'_-(x_0)$과 같이 나타낸다. 즉,

$$f'_-(x_0) = \lim_{h \to 0^-} \frac{f(x_0 + h) - f(x_0)}{h} \tag{4.4}$$

이다. 식 (4.2), (4.3), (4.4)로부터 정리 3.8에 의해, x_0를 포함한 개구간 위에서 정의된 함수 $f(x)$가 $x = x_0$에서 미분가능할 필요충분조건은 $f'_+(x_0) = f'_-(x_0)$임을 알 수 있다.

예제 4.4

함수 f가 $f(x) = |x|$로 정의되었을 때, $x = 0$에서 f의 미분가능성을 조사하시오.

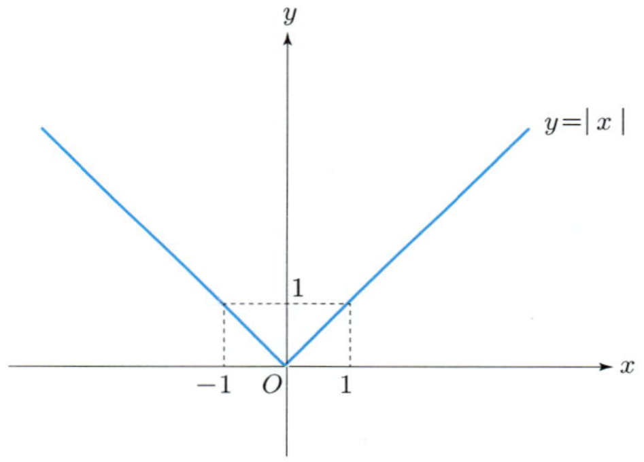

그림 4.2 $y = |x|$의 그래프

풀이 주어진 함수 f는 그림 4.2에서 보는 바와 같이

$$f(x) = \begin{cases} x, & x \geq 0 \\ -x, & x < 0 \end{cases}$$

으로 나타낼 수 있다. 따라서 $x = 0$에서 $f(x)$의 우미분계수와 좌미분계수는 각각

$$f'_+(0) = \lim_{h \to 0^+} \frac{h - 0}{h} = 1, \qquad f'_-(0) = \lim_{h \to 0^-} \frac{-h - 0}{h} = -1$$

이다. $f'_+(0) \neq f'_-(0)$이므로 $f(x)$는 $x = 0$에서 미분불가능하다. ■

예제 4.5

함수 $f(x)$가 $x = a$에서 미분가능일 때, 다음 극한값을 $f'(a)$로 나타내어라.

(1) $\displaystyle\lim_{h \to 0} \frac{f(a + 5h) - f(a)}{h}$ (2) $\displaystyle\lim_{h \to 0} \frac{f(a + 2h) - f(a - 3h)}{h}$

풀이 (1) $5h = k$라 놓으면, $h \to 0$일 때 $k \to 0$이고, 구하는 극한값은 다음과 같다.

$$\lim_{h \to 0} \frac{f(a+5h)-f(a)}{h} = 5 \lim_{h \to 0} \frac{f(a+5h)-f(a)}{5h} = 5 \lim_{k \to 0} \frac{f(a+k)-f(a)}{k}$$
$$= 5f'(a)$$

(2) $2h = s$, $-3h = t$라 놓으면, $h \to 0$일 때 $s \to 0$, $t \to 0$이고, 구하는 극한값은 다음과 같다.

$$(\text{주어진 식}) = \lim_{h \to 0} \frac{f(a+2h)-f(a)-(f(a-3h)-f(a))}{h}$$
$$= 2 \lim_{h \to 0} \frac{f(a+2h)-f(a)}{2h} - (-3) \lim_{h \to 0} \frac{f(a-3h)-f(a)}{-3h}$$
$$= 2 \lim_{s \to 0} \frac{f(a+s)-f(a)}{s} - (-3) \lim_{t \to 0} \frac{f(a+t)-f(a)}{t}$$
$$= 2f'(a) + 3f'(a) = 5f'(a)$$

■

예제 4.6

$x = 1$에서 미분가능인 함수 f에 대하여 $f'(1) = 2$일 때, 다음을 구하시오.

$$\lim_{x \to 1} \frac{f(x^3)-f(1)}{x-1}$$

풀이 $x^3 = y$라 놓으면, $x \to 1$일 때 $y \to 1$이므로 구하는 극한값은

$$\lim_{x \to 1} \frac{f(x^3)-f(1)}{x-1} = \lim_{x \to 1} \frac{f(x^3)-f(1)}{x-1} \cdot \frac{x^2+x+1}{x^2+x+1}$$
$$= \lim_{x \to 1} \frac{f(x^3)-f(1)}{x^3-1} \cdot (x^2+x+1)$$
$$= \left(\lim_{x \to 1} \frac{f(x^3)-f(1)}{x^3-1} \right) \left(\lim_{x \to 1} (x^2+x+1) \right)$$
$$= 3 \left(\lim_{y \to 1} \frac{f(y)-f(1)}{y-1} \right)$$
$$= 3f'(1) = 6$$

이다.

■

예제 4.7

함수 $f(x)$가 모든 실수 x, y에 대하여 $f(x+y) = f(x) + f(y) + xy$를 만족하고 $f'(0) = 2$일 때, $f'(2)$의 값을 구하시오.

풀이 먼저 x, y에 모두 0을 대입하면 주어진 식으로부터 $f(0) = f(0+0) = f(0) + f(0) = 2f(0)$이므로 $f(0) = 0$이다. 주어진 식에서 x에 2을 대입하고 y에 h를 대입하면, 구하는 미분계수는 다음과 같다.

$$f'(2) = \lim_{h \to 0} \frac{f(2+h) - f(2)}{h} = \lim_{h \to 0} \frac{f(h) + 2h}{h}$$
$$= 2 + \lim_{h \to 0} \frac{f(0+h) - f(0)}{h} = 2 + f'(0) = 4$$

■

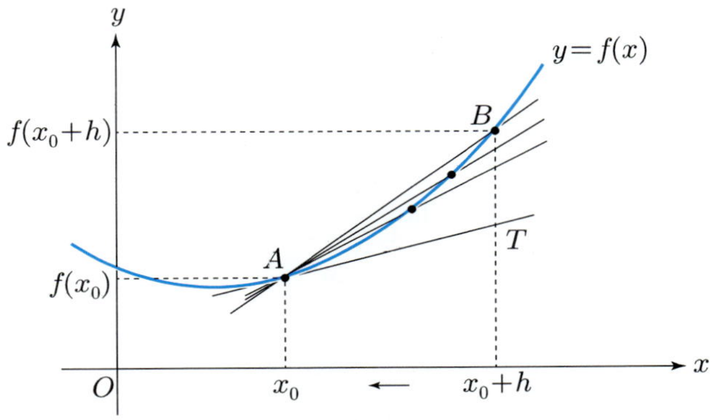

그림 4.3 순간변화율과 접선

함수 $y = f(x)$에서 x가 x_0에서 $x_0 + h$까지 변할 때, 평균변화율

$$\frac{\triangle f}{\triangle x} = \frac{f(x_0 + h) - f(x_0)}{h}$$

는 직선 AB의 기울기이며 h를 0에 한없이 가까워지게 하면 점 B는 그래프 위를 움직이며 점 A에 가까워지고 직선 AB는 직선 AT에 한없이 가까워진다. 이 직선 AT을 점 A에서 함수 $y = f(x)$의 **접선**이라 한다. 그러므로 함수 $y = f(x)$의 $x = x_0$에서 미분계수 $f'(x_0)$은 점 $(x_0, f(x_0))$에서 함수 $y = f(x)$의 접선 AT의 기울기와 같다. 따라서 점 $(x_0, f(x_0))$을 지나면서 기울기가 $f'(x_0)$인 직선, 즉 **접선의 방정식**(equation of the tangent line)은

$$y - f(x_0) = f'(x_0)(x - x_0) \tag{4.5}$$

이다. 또한, $f'(x_0) \neq 0$일 때 점 $(x_0, f(x_0))$에서 곡선 $y = f(x)$에 접하는 접선에 수직인 직선, 즉 **법선의 방정식**(equation of the normal line)은 다음과 같다.

$$y - f(x_0) = -\frac{1}{f'(x_0)}(x - x_0) \tag{4.6}$$

예제 4.8

다음 곡선의 점 $(1, 2)$에서의 접선과 법선의 방정식을 구하시오.

(1) $y = x^3 + x$ (2) $y = \dfrac{2}{x}$

풀이 (1) $f(x) = x^3 + x$라 하면 구하는 접선의 기울기는

$$\begin{aligned} f'(1) &= \lim_{h\to 0} \frac{f(1+h) - f(1)}{h} = \lim_{h\to 0} \frac{(1+h)^3 + (1+h) - 1^3 - 1}{h} \\ &= \lim_{h\to 0}(4 + 3h + h^2) = 4 \end{aligned}$$

이다. 따라서 구하는 접선의 방정식은 기울기가 4이고 점 $(1, 2)$을 지나는 직선의 방정식이므로 $y - 2 = 4(x - 1)$, 즉 $y = 4x - 2$이다. 또한 법선의 기울기는 $-\frac{1}{4}$이므로 점 $(1, 2)$에서의 법선의 방정식은 $y = -\frac{1}{4}x + \frac{9}{4}$이다.

(2) $f(x) = \dfrac{2}{x}$라 놓으면, 점 $(1, 2)$에서 접선의 기울기는

$$\begin{aligned} f'(1) &= \lim_{h\to 0} \frac{f(1+h) - f(1)}{h} = \lim_{h\to 0} \frac{\frac{2}{1+h} - 2}{h} = \lim_{h\to 0} \frac{-2h}{h(1+h)} \\ &= \lim_{h\to 0} \frac{-2}{1+h} = -2 \end{aligned}$$

이다. 따라서 점 $(1, 2)$에서 접선의 방정식은 $y - 2 = -2(x - 1)$, 즉 $y = -2x + 4$이다. 또한 법선의 기울기는 $\dfrac{1}{2}$이므로 점 $(1, 2)$에서 법선의 방정식은 $y = \dfrac{1}{2}(x + 3)$이다. ∎

4.1 연습문제

1. 다음 함수의 주어진 구간에서의 평균변화율을 구하시오.

(1) $f(x) = x^3 + 2x,\ [-1, 2]$

(2) $f(x) = x^2 - 2x + 3,\ [0, 2]$

(3) $f(x) = \dfrac{1}{x+1},\ [0, h]\ (h > 0)$

(4) $f(x) = \sqrt{2x+3} + 2,\ [-1, 1]$

2. 다음 함수의 주어진 x에서 미분계수를 구하시오.

(1) $f(x) = x^2 + 1,\ x = -1$

(2) $f(x) = \dfrac{-1}{x+2},\ x = 1$

3. 다음 함수 f에 대하여 $x = 0$에서의 미분가능성을 조사하시오.

(1) $f(x) = \begin{cases} x, & x \geq 0, \\ 0, & x < 0 \end{cases}$

(2) $f(x) = \begin{cases} x^2, & x \geq 0, \\ -x^2, & x < 0 \end{cases}$

4. 다음 함수 f에 대하여 접선의 기울기가 0인 곡선 위의 모든 점을 구하시오.

(1) $f(x) = x^2 - x + 1$

(2) $f(x) = x^3 - 3x$

5. $x = 1$에서 미분가능인 함수 f에 대하여 $f'(1) = 2$일 때, 다음 극한값을 구하시오.

(1) $\displaystyle\lim_{x\to 1} \frac{f(x^4) - f(1)}{x^2 - 1}$

(2) $\displaystyle\lim_{x\to 1} \frac{f(x^2) - f(1)}{x - 1}$

(3) $\displaystyle\lim_{x\to 1} \frac{f(x^3) - f(1)}{x^2 - 1}$

(4) $\displaystyle\lim_{x\to 1} \frac{f(x^2) - f(1)}{x^3 - 1}$

6. 함수 $f(x)$가 모든 실수 x, y에 대하여 $f(x+y) = f(x) + 2f(y) - 3xy$를 만족할 때 다음을 구하시오.

(1) $f(0)$

(2) $f'(0) = 1$일 때 $f'(1)$

7. 주어진 점에서 곡선의 접선과 법선의 방정식을 구하시오.

(1) $y = x^3 + x + 1,\ \ (1, 3)$

(2) $y = \sqrt{x-2},\ \ (3, 1)$

4.2 도함수와 미분법

주어진 함수 f에 대하여 그 정의역 내의 점에서 f가 미분가능이거나 미분불가능일 수 있는데 미분가능한 점 x에서는 f의 미분계수 $f'(x)$가 결정되고 이 값은 x에 따라 변하게 된다. 이와 같이 정의역 내 미분가능한 점 x에 미분계수 $f'(x)$를 대응시키면 주어진 함수 f로부터 새로운 함수가 정의되는데 이를 f의 **도함수**(derivative)라 한다. 함수 $y = f(x)$의 도함수를

$$y', \quad f'(x), \quad \frac{dy}{dx}, \quad \frac{df}{dx}, \quad D_x y$$

등으로 나타내기도 한다.

정의로부터 함수 f의 도함수 f'의 정의역은 f의 정의역의 부분집합이다. 다시 말해서, 주어진 함수 $f : D \to \mathbb{R}$에 대하여

$$D' = \{x \in D \mid f'(x) \text{ 가 존재한다}\}$$

라 놓으면, f의 도함수 $f' : D' \to \mathbb{R}$은 모든 $x \in D'$에 대하여

$$f'(x) = \lim_{h \to 0} \frac{f(x+h) - f(x)}{h} \in \mathbb{R}$$

로 주어지는 함수이다. 주어진 함수 f의 도함수 f'을 구하는 것을 f를 변수 x에 관하여 **미분한다**(differentiate)라고 하고, 그 계산법을 **미분법**(differentiation)이라 한다.

예제 4.9

다음 함수의 도함수를 구하시오.

(1) $f(x) = c$ (단, c는 상수) (2) $g(x) = x^n$ (단, n은 자연수)

풀이 (1) 모든 $x \in \mathbb{R}$에 대하여 구간 $[x, x+h]$에서 함수 f의 평균변화율이 0이므로 모든 점 x에서의 미분계수 $f'(x) = \lim_{h \to 0} 0 = 0$이다.

(2) 모든 점 $x \in \mathbb{R}$에 대하여

$$\frac{\triangle g}{\triangle x} = \frac{g(x+h) - g(x)}{h} = \frac{(x+h)^n - x^n}{h}$$

이다. 이때 인수분해공식에 의해

$$\frac{(x+h)^n - x^n}{h} = (x+h)^{n-1} + (x+h)^{n-2}x + \cdots + (x+h)x^{n-2} + x^{n-1}$$

이 성립하므로, 함수 g의 도함수는

$$
\begin{aligned}
g'(x) &= \lim_{h\to 0} \frac{(x+h)^n - x^n}{h} \\
&= \lim_{h\to 0} \left((x+h)^{n-1} + (x+h)^{n-2}x + \cdots + (x+h)x^{n-2} + x^{n-1}\right) \\
&= nx^{n-1}
\end{aligned}
$$

이다. ■

함수 f가 미분가능이면 f의 도함수 f'은 또 하나의 함수가 된다. 만일 도함수 f'도 미분가능이면 f'의 도함수를 f의 **2계도함수**(second order derivative)라 하고 f''으로 나타낸다. 다시 f''이 미분가능이면 f''의 도함수를 f의 **3계도함수**(third order derivative)라 하고 f'''으로 나타낸다. f가 n번 미분가능이면 n번째 얻어지는 도함수를 f의 n**계도함수**()라 하고 $f^{(n)}$으로 나타낸다. f의 2계도함수 이상을 f의 **고계도함수**(higher order derivative)라 한다.

예제 4.10

자연수 m, n에 대하여 함수 $f(x) = x^n$의 m계도함수를 구하시오.

풀이 고계도함수의 정의와 예제 4.9 (2)로부터 $m < n$이면

$$
\begin{aligned}
f'(x) &= nx^{n-1} \\
f''(x) &= n(n-1)x^{n-2} \\
f'''(x) &= n(n-1)(n-2)x^{n-3} \\
&\vdots \\
f^{(m)}(x) &= n(n-1)\cdots(n-(m-1))x^{n-m} = \frac{n!}{(n-m)!}x^{n-m}
\end{aligned}
$$

이다. 만약 $m = n$이면 $f^{(n)}(x) = n!$이고, $m > n$이면 $f^{(m)}(x) = 0$이다. ■

정리 4.11 함수 f가 $x = a$에서 미분가능이면 함수 f는 $x = a$에서 연속이다.

증명 함수 $f(x)$가 $x = a$에서 연속임을 보이기 위해서는 $\lim_{x\to a} f(x) = f(a)$임을 보이면 된다.[1] 이를 위해 $x \neq a$에 대하여

$$
f(x) - f(a) = \frac{f(x) - f(a)}{x - a}(x - a)
$$

와 같이 놓고, 양변에 $x \to a$인 극한을 취하면

[1] 연속함수의 정의(69쪽, 정의 3.26 참조)

$$\begin{aligned}\lim_{x\to a}\big(f(x)-f(a)\big) &= \lim_{x\to a}\frac{f(x)-f(a)}{x-a}(x-a)\\ &= \left(\lim_{x\to a}\frac{f(x)-f(a)}{x-a}\right)\left(\lim_{x\to a}(x-a)\right)\\ &= f'(a)\cdot 0 = 0\end{aligned}$$

을 얻는다. 그러므로

$$\begin{aligned}\lim_{x\to a}f(x) &= \lim_{x\to a}\Big(f(a)+\big(f(x)-f(a)\big)\Big)\\ &= \lim_{x\to a}f(a)+\lim_{x\to a}\big(f(x)-f(a)\big) = f(a)+0 = f(a)\end{aligned}$$

가 성립한다. 즉,

$$\lim_{x\to a}f(x) = f(a)$$

이므로 함수 $f(x)$는 $x=a$에서 연속이다. ■

다음 함수로부터 위 정리의 역이 일반적으로 성립하지 않음을 알 수 있다. 함수 $f(x)=|x|$ $(x\in\mathbb{R})$는 모든 점에서 연속이지만 예제 4.4에서 보았듯이 $x=0$에서 미분불가능이다. 일반적으로 어떤 연속함수 $f(x)$의 그래프가 $x=a$에서 꺾이면 그 점에서 이 함수는 미분이 불가능하다.

정리 4.12 미분가능한 함수 f, g와 상수 c에 대하여 다음이 성립한다.

(1) $(cf(x))' = cf'(x)$

(2) $(f(x)\pm g(x))' = f'(x)\pm g'(x)$

(3) $(f(x)g(x))' = f'(x)g(x)+f(x)g'(x)$

(4) $\left(\dfrac{f(x)}{g(x)}\right)' = \dfrac{f'(x)g(x)-f(x)g'(x)}{g(x)^2}$ (단, $g(x)\neq 0$)

증명 다른 것은 더 간단하기 때문에, 가장 어려운 (4) 만을 도함수의 정의를 이용해 증명한다.

$$\begin{aligned}\left(\frac{f(x)}{g(x)}\right)' &= \lim_{h\to 0}\frac{1}{h}\left(\frac{f(x+h)}{g(x+h)}-\frac{f(x)}{g(x)}\right)\\ &= \lim_{h\to 0}\frac{f(x+h)g(x)-f(x)g(x+h)}{hg(x+h)g(x)}\\ &= \lim_{h\to 0}\frac{(f(x+h)-f(x))\,g(x)-f(x)\,(g(x+h)-g(x))}{hg(x+h)g(x)}\\ &= \frac{\left(\lim_{h\to 0}\frac{f(x+h)-f(x)}{h}\right)g(x)-f(x)\left(\lim_{h\to 0}\frac{g(x+h)-g(x)}{h}\right)}{\lim_{h\to 0}g(x+h)g(x)}\end{aligned}$$

$$= \frac{f'(x)g(x) - f(x)g'(x)}{g(x)^2}$$

■

참고 4.13

정리 4.12의 (3)을 이용하면 자연수 n에 대하여

$$\frac{d}{dx}(x^n) = \left(\frac{dx}{dx}\right)x^{n-1} + x\left(\frac{dx}{dx}\right)x^{n-2} + \cdots + x^{n-1}\left(\frac{dx}{dx}\right) = nx^{n-1}$$

임을 쉽게 알 수 있다.

예제 4.14

다음 함수를 미분하시오.

(1) $y = (2x^2 - x + 1)(x + 1)$ (2) $y = (x + 1)(x^2 + 1)(x^3 + 1)$

풀이 (1) 정리 4.12와 x^n 의 미분이 nx^{n-1} 이라는 사실을 이용하면 다음을 얻는다.

$$\begin{aligned}\frac{dy}{dx} &= \left(\frac{d}{dx}(2x^2 - x + 1)\right)(x + 1) + (2x^2 - x + 1)\left(\frac{d}{dx}(x + 1)\right) \\ &= (4x - 1)(x + 1) + (2x^2 - x + 1) \\ &= 6x^2 + 2x.\end{aligned}$$

(2) 정리 4.12와 x^n 의 미분이 nx^{n-1} 이라는 사실을 이용하면 다음을 얻는다.

$$\begin{aligned}\frac{dy}{dx} &= \left(\frac{d}{dx}(x + 1)\right)(x^2 + 1)(x^3 + 1) + (x + 1)\left(\frac{d}{dx}(x^2 + 1)\right)(x^3 + 1) \\ &\quad + (x + 1)(x^2 + 1)\left(\frac{d}{dx}(x^3 + 1)\right) \\ &= (x^2 + 1)(x^3 + 1) + 2x(x + 1)(x^3 + 1) + 3x^2(x + 1)(x^2 + 1)\end{aligned}$$

■

예제 4.15

음의 정수 n에 대하여 $f(x) = x^n$ 의 도함수가 $f'(x) = nx^{n-1}$ 임을 증명하시오.

풀이 음의 정수 n을 $n = -m$ (m: 양의 정수)이라고 놓자. 그러면 $f(x) = x^n = x^{-m} = 1/x^m$ 이므로 다음이 성립한다.

$$f'(x) = \frac{(1)'x^m - 1(x^m)'}{(x^m)^2} = \frac{-mx^{m-1}}{x^{2m}} = -mx^{-m-1} = nx^{n-1}$$

■

예제 4.16

함수 $f(x)=x^4-2x^2+x-3$의 모든 고계도함수를 구하시오.

풀이 고계도함수의 정의로부터

$$
\begin{aligned}
f'(x) &= 4x^3-4x+1 \\
f''(x) &= 12x^2-4 \\
f^{(3)}(x) &= 24x \\
f^{(4)}(x) &= 24
\end{aligned}
$$

이고, 자연수 n이 5 이상이면 $f^{(n)}(x)=0$이다. ■

예제 4.17

다음 함수를 미분하시오.

(1) $y=x^2+x^{-2}$

(2) $y=\dfrac{2x+1}{x^3+1}$

풀이 (1) 주어진 함수의 도함수는 예제 4.15 에 의해 다음이 성립한다.

$$y'=\left(x^2+x^{-2}\right)'=\left(x^2\right)'+\left(x^{-2}\right)'=2x-2x^{-3}$$

(2) 정리 4.12를 이용하여 도함수를 다음과 같이 구한다.

$$
\begin{aligned}
y' = \left(\frac{2x+1}{x^3+1}\right)' &= \frac{(2x+1)'(x^3+1)-(2x+1)(x^3+1)'}{(x^3+1)^2} \\
&= \frac{2(x^3+1)-3x^2(2x+1)}{(x^3+1)^2} \\
&= \frac{-4x^3-3x^2+2}{(x^3+1)^2}
\end{aligned}
$$

■

정리 4.18 **[연쇄법칙(Chain Rule)]** 미분가능인 두 함수 f와 g에 대하여 합성함수로 정의된 함수 h, 즉 $h(x)=g(f(x))$는 미분가능이며

$$h'(x)=g'(f(x))f'(x)$$

이다. 만일 $u=f(x)$, $y=h(x)=g(u)$라 두면

$$\frac{dy}{dx} = \frac{dy}{du} \cdot \frac{du}{dx}$$

이다.

증명 x의 증분 $\triangle x$에 대응하는 u의 증분을 $\triangle u$, y의 증분을 $\triangle y$라 하면

$$\triangle u = f(x + \triangle x) - f(x), \qquad \triangle y = h(x + \triangle x) - h(x)$$

이다. f가 미분가능이므로 f는 연속함수이다. 따라서 $\triangle x \to 0$이면 $\triangle u \to 0$ 이다. 그러므로

$$\begin{aligned}\frac{dy}{dx} &= \lim_{\triangle x \to 0} \frac{\triangle y}{\triangle x} = \lim_{\triangle x \to 0} \left(\frac{\triangle y}{\triangle u} \cdot \frac{\triangle u}{\triangle x} \right) = \left(\lim_{\triangle u \to 0} \frac{\triangle y}{\triangle u} \right) \cdot \left(\lim_{\triangle x \to 0} \frac{\triangle u}{\triangle x} \right) \\ &= \frac{dy}{du} \cdot \frac{du}{dx}\end{aligned}$$

이다. ■

예제 4.19

다음 함수의 도함수를 구하시오.

(1) $y = \left(2x^2 + x + 2\right)^3$ (2) $y = \dfrac{x-2}{(2x^2+3)^2}$

풀이 (1) $u = f(x) = 2x^2 + x + 2$, $y = g(u) = u^3$이라 하면 정리 4.18로부터 주어진 함수의 도함수를 다음과 같이 얻는다.

$$\begin{aligned}\frac{dy}{dx} &= \frac{dy}{du} \cdot \frac{du}{dx} = \frac{du^3}{du} \cdot \frac{d(2x^2+x+2)}{dx} = 3u^2(4x+1) \\ &= 3\left(2x^2+x+2\right)^2(4x+1)\end{aligned}$$

(2) 정리 4.12와 정리 4.18로 부터 주어진 함수의 도함수를 다음과 같이 얻는다.

$$\begin{aligned}\frac{dy}{dx} &= \frac{(x-2)'(2x^2+3)^2 - (x-2)\left((2x^2+3)^2\right)'}{(2x^2+3)^4} \\ &= \frac{(2x^2+3)^2 - (x-2)2(2x^2+3)(2x^2+3)'}{(2x+3)^4} = \frac{-6x^2+16x+3}{(2x+3)^3}\end{aligned}$$

■

방정식 $F(x, y) = x^2 + y^2 - 1 = 0$으로부터 구간 $[-1, 1]$을 정의역으로 갖는 함수

$$y = f(x) = \sqrt{1-x^2} \quad \text{또는} \quad y = f(x) = -\sqrt{1-x^2}$$

을 정의할 수 있는 것과 같이, 두 변수 x와 y를 갖는 방정식

$$F(x,y)=0 \tag{4.7}$$

은 적당한 구간 I를 정의역으로 갖는 변수 x의 함수 $y=f(x)$를 정의할 수 있다. 방정식 (4.7)이 어떤 함수 $y=f(x)$를 정의할 때, 식 (4.7)을 **음함수**(implicit function)라 하고, $y=f(x)$로 나타낸 것을 **양함수**(explicit function)라 한다.

지금까지 우리는 양함수로 주어진 함수의 미분법을 학습했는데, 음함수로 주어진 함수를 항상 양함수로 쉽게 나타낼 수 있는 것은 아니기 때문에 음함수로 주어진 함수의 미분은 일반적으로 음함수의 미분법을 이용해 계산한다. 즉, 방정식 (4.7)이 어떤 함수 $y=f(x)$를 정의한다고 하자. 이 때 y의 x에 관한 도함수 $\frac{dy}{dx}$를 구할 때 (4.7)을 $y=f(x)$인 형태로 바꾸지 않고 y를 x에 대한 미분가능인 함수로 취급하여 (4.7)의 양변을 x에 대하여 미분하여 $\frac{dy}{dx}$을 구한다. 이러한 미분법을 **음함수의 미분법**(implicit function differentiation)이라 한다.

예제 4.20

음함수 $2x^2+3y^2=2$에 대해 도함수 $\frac{dy}{dx}$를 구하시오.

풀이 $y=f(x)$가 정의되었다고 하고, 주어진 방정식을 x에 대하여 미분하면

$$0=\frac{d}{dx}(2)=\frac{d}{dx}(2x^2+3y^2)=4x+\frac{d}{dx}(3y^2).$$

여기서 y는 변수 x의 함수이므로 합성함수의 미분법을 이용하면

$$\frac{d}{dx}(3y^2)=6y\frac{dy}{dx}$$

이다. 그러므로 y의 x에 대한 도함수는 다음과 같다.

$$\frac{dy}{dx}=-\frac{2x}{3y}$$

■

예제 4.21

r이 유리수일 때, $y=x^r$의 도함수를 구하시오.

풀이 $r=\frac{n}{m}$ (m,n은 정수, $m\neq 0$)이라 하면 $y=x^{\frac{n}{m}}$이고, 이 양변을 m 제곱하면

$$y^m=x^n$$

을 얻는다. 음함수의 미분법과 예제 4.15의 결과로부터 이 방정식의 양변을 x에 대하여 미분하면

$$my^{m-1}\frac{dy}{dx}=\frac{d}{dx}(y^m)=\frac{d}{dx}(x^n)=nx^{n-1}$$

이다. 따라서 주어진 함수의 도함수는

$$\frac{dy}{dx}=\frac{nx^{n-1}}{my^{m-1}}=\frac{n}{m}\cdot x^{\frac{n}{m}-1}=rx^{r-1}$$

이다. ■

예제 4.22

다음 함수를 미분하시오.

(1) $y=x\sqrt[4]{x}$

(2) $y=\dfrac{1}{\sqrt[3]{x^2+1}}$

(3) $y=\sqrt{\dfrac{x^2+1}{x+1}}$

(4) $y=\dfrac{1}{x+\sqrt{x^2+1}}$

풀이 (1) 주어진 함수의 도함수는 $y'=(x\sqrt[4]{x})'=\left(x^{\frac{5}{4}}\right)'=\dfrac{5}{4}x^{\frac{1}{4}}$ 이다.

(2) 합성함수 미분법을 적용하면, 주어진 함수의 도함수는

$$\begin{aligned}\frac{dy}{dx}&=\frac{d}{dx}\left(\frac{1}{\sqrt[3]{x^2+1}}\right)=\frac{d}{dx}\left((x^2+1)^{-\frac{1}{3}}\right)\\&=-\frac{1}{3}\left((x^2+1)^{-\frac{1}{3}-1}\right)\cdot\frac{d}{dx}(x^2+1)\\&=-\frac{2}{3}x(x^2+1)^{-\frac{4}{3}}\end{aligned}$$

이다.

(3) 합성함수 미분법을 적용하면, 주어진 함수의 도함수는

$$\begin{aligned}y'&=\left(\sqrt{\frac{x^2+1}{x+1}}\right)'=\left(\left(\frac{x^2+1}{x+1}\right)^{\frac{1}{2}}\right)'=\frac{1}{2}\left(\frac{x^2+1}{x+1}\right)^{-\frac{1}{2}}\left(\frac{x^2+1}{x+1}\right)'\\&=\frac{1}{2}\left(\frac{x^2+1}{x+1}\right)^{-\frac{1}{2}}\frac{2x(x+1)-(x^2+1)}{(x+1)^2}\\&=\frac{x^2+2x-1}{2(x+1)^2}\left(\frac{x^2+1}{x+1}\right)^{-\frac{1}{2}}\end{aligned}$$

이다.

(4) 주어진 함수를 간단히 정리하면

$$y=\frac{1}{x+\sqrt{x^2+1}}\cdot\frac{x-\sqrt{x^2+1}}{x-\sqrt{x^2+1}}=\frac{x-\sqrt{x^2+1}}{x^2-(x^2+1)}=\sqrt{x^2+1}-x$$

이므로 주어진 함수의 도함수는

$$y' = (\sqrt{x^2+1} - x)' = \left(\sqrt{x^2+1}\right)' - (x)' = \frac{x}{\sqrt{x^2+1}} - 1$$

이다. ■

정리 4.23 **[역함수의 미분법(Derivative of Inverse Function)]** 미분가능한 함수 $f(x)$의 역함수 $f^{-1}(x)$가 존재할 때, 역함수는 미분가능한 함수이고 도함수는

$$(f^{-1})'(x) = \frac{1}{f'(f^{-1}(x))}. \quad (\text{단, } f'(f^{-1}(x)) \neq 0)$$

이다.

증명 역함수의 미분가능성에 대한 증명은 이 책에서는 생략한다. 함수 f의 역함수가 존재하므로, 정의로부터 $f(f^{-1}(x)) = x$ 을 만족한다. 역함수도 미분가능하므로, 합성함수 미분법을 적용하면,

$$f'(f^{-1}(x))(f^{-1})'(x) = 1$$

이다. 따라서, $f'(f^{-1}(x)) \neq 0$일 때, 이를 정리하면

$$(f^{-1})'(x) = \frac{1}{f'(f^{-1}(x))}$$

이다. ■

예제 4.24

다음 주어진 함수의 역함수의 도함수를 구하시오.

(1) $f(x) = x^2 \ (x \geq 0)$ (2) $f(x) = \sqrt{x-1}$

풀이 (1) $y = f^{-1}(x)$라고 하면, $x = f(y) = y^2$ 로부터 $f^{-1}(x) = y = \sqrt{x}$이다. 또한, $f'(x) = 2x$이므로, 역함수 미분법 공식을 적용하면,

$$(f^{-1})'(x) = \frac{1}{f'(f^{-1}(x))} = \frac{1}{2f^{-1}(x)} = \frac{1}{2\sqrt{x}}$$

이다.

(2) $y = f^{-1}(x)$라고 하면, $x = f(y) = \sqrt{y-1}$ 로부터 $f^{-1}(x) = y = x^2 + 1$ 이다. 또한, $f'(x) = \dfrac{1}{2\sqrt{x-1}}$이므로, 역함수 미분법 공식을 적용하면,

$$(f^{-1})'(x) = \frac{1}{f'(f^{-1}(x))} = 2\sqrt{f^{-1}(x) - 1} = 2x$$

이다. ■

변수 t의 함수 x와 y가

$$x = f(t), \qquad y = g(t) \tag{4.8}$$

의 형태로 주어지면, t의 값에 따라 정해지는 x값에 대하여, 같은 t의 값에 따라 정해지는 y값을 대응시킴으로서 y를 x의 함수로 생각할 수 있다. 이때, y는 t를 **매개변수**(parameter)로 하는 x의 함수라 하고, 식 (4.8)를 **매개변수방정식**(parametric equation)이라 한다. 만약, 함수 $x = f(t)$의 역함수가 존재하면

$$x = f(t) \iff t = f^{-1}(x),$$
$$y = g(t) = g(f^{-1}(x))$$

이다. 함수 f, g가 모두 t에 대하여 미분가능이고 $f'(t) \neq 0$이면

$$\begin{aligned} \frac{dy}{dx} &= \frac{d}{dx}\left(g(f^{-1}(x))\right) = g'(f^{-1}(x))\frac{d}{dx}\left(f^{-1}(x)\right) \\ &= g'(t)\frac{1}{f'(t)} = \frac{\dfrac{dy}{dt}}{\dfrac{dx}{dt}} \end{aligned}$$

이다. 여기서 $g'(f^{-1}(x)) = g'(t)$이고, 역함수의 미분법으로부터

$$\frac{d}{dx}\left(f^{-1}(x)\right) = \frac{1}{f'(t)}$$

이 성립한다.

정리 4.25 폐구간 $[a, b]$에서 정의된 두 함수 f, g가 그 정의역에서 미분가능이고 $f'(t) \neq 0$ $(t \in [a, b])$이면, 매개변수 방정식

$$x = f(t), \qquad y = g(t), \qquad t \in [a, b]$$

에 의하여 정의된 x의 함수 y는 미분가능이며 그 도함수는

$$\frac{dy}{dx} = \frac{\dfrac{dy}{dt}}{\dfrac{dx}{dt}} = \frac{g'(t)}{f'(t)}$$

이다.

예제 4.26

다음 매개변수방정식으로 정의된 x의 함수 y에 대하여 $\frac{dy}{dx}$를 구하시오.

(1) $x = 2\sqrt{t} + 1, \quad y = t^2 - 1$　　　(2) $x = t^2 + 1, \quad y = \frac{2}{t^2}$

풀이 (1) $\frac{dx}{dt} = \frac{1}{\sqrt{t}}$이고 $\frac{dy}{dt} = 2t$이므로 함수 y의 x에 대한 도함수는

$$\frac{dy}{dx} = \frac{\frac{dy}{dt}}{\frac{dx}{dt}} = 2t\sqrt{t} = 2\left(\frac{x-1}{2}\right)^3$$

이다.

(2) $\frac{dx}{dt} = 2t$이고 $\frac{dy}{dt} = -\frac{4}{t^3}$이므로 함수 y의 x에 대한 도함수는 다음과 같다.

$$\frac{dy}{dx} = \frac{\frac{dy}{dt}}{\frac{dx}{dt}} = -\frac{2}{t^4} = -\frac{2}{(x-1)^2}.$$

■

4.2 연습문제

1. 도함수의 정의를 이용하여 다음 함수의 도함수를 구하시오.

(1) $y = \sqrt{x}$　　　(2) $y = \frac{1}{x}$

2. 다음 함수를 미분하시오.

(1) $y = (x^2 + x - 2)^2 + (2x+1)^3$

(2) $y = (x-2)(x^2+1)^2(x^3+1)$

(3) $y = \frac{1}{\sqrt[5]{x^2+1}}$

(4) $y = \frac{(x^3+2x+1)^2}{x^2-1}$

3. 다음 방정식으로 주어진 x의 음함수 y의 x에 대한 도함수 $\frac{dy}{dx}$를 구하시오.

(1) $x^3 + y^3 - xy = 0$

(2) $4x^2 + 9y^2 = 36$

(3) $\sqrt[3]{x} + \sqrt[3]{y} = \sqrt[3]{c}$ (단, c는 상수)

4. 다음 주어진 함수의 역함수의 도함수를 구하시오.

(1) $f(x) = \frac{1}{2}(x^3 - 1)$

(2) $f(x) = \sqrt[3]{2x+1}$

5. 다음 매개변수방정식으로 정의된 x의 함수 y에 대하여 $\frac{dy}{dx}$를 구하시오.

(1) $x = 2t^2 + 1,\ y = \sqrt{t^3 + 2t + 1}$

(2) $x = t + 1,\ y = \frac{2}{\sqrt{t}}$

4.3 삼각함수와 지수 · 로그함수의 도함수

4.3.1 삼각함수의 도함수

이 절에서 다루는 삼각함수들의 주어진 각도는 특별한 설명이 없으면 라디안으로 간주한다.

정리 4.27 삼각함수의 도함수는 다음과 같다.

(1) $(\sin x)' = \cos x$ (2) $(\cos x)' = -\sin x$

(3) $(\tan x)' = \sec^2 x$ (4) $(\cot x)' = -\csc^2 x$

(5) $(\sec x)' = \sec x \tan x$ (6) $(\csc x)' = -\csc x \cot x$

증명 (1) 삼각함수의 극한에 대한 정리 3.41과 정리 3.42를 적용하면, 삼각함수 $\sin x$의 도함수를 다음과 같이 얻을 수 있다.

$$\begin{aligned}\frac{d}{dx}(\sin x) &= \lim_{h\to 0}\frac{\sin(x+h)-\sin x}{h}\\ &= \lim_{h\to 0}\frac{\sin x\cos h+\cos x\sin h-\sin x}{h}\\ &= \lim_{h\to 0}\sin x\cdot\frac{\cos h-1}{h}+\lim_{h\to 0}\cos x\cdot\frac{\sin h}{h}\\ &= \cos x\end{aligned}$$

(2) $\cos x = \sin\left(x+\frac{\pi}{2}\right)$이고 (1)에 의하여 삼각함수 $\cos x$의 도함수는

$$\frac{d}{dx}(\cos x) = \frac{d}{dx}\left(\sin\left(x+\frac{\pi}{2}\right)\right) = \cos\left(x+\frac{\pi}{2}\right) = -\sin x$$

이다.

(3) 삼각함수 $\tan x$의 도함수는 다음과 같다.

$$\begin{aligned}\frac{d}{dx}(\tan x) &= \frac{d}{dx}\left(\frac{\sin x}{\cos x}\right) = \frac{(\sin x)'\cos x-\sin x(\cos x)'}{\cos^2 x}\\ &= \frac{\cos^2 x+\sin^2 x}{\cos^2 x} = \frac{1}{\cos^2 x}\\ &= \sec^2 x\end{aligned}$$

(4),(5),(6)의 경우, (1),(2),(3)의 결과와 미분법 공식을 활용하여 얻을 수 있으므로 생략한다. ■

예제 4.28

다음 함수의 도함수를 구하시오.

(1) $y = \sin x \cos x$

(2) $y = \sec(x^2+1)$

(3) $y = \cos\left(\dfrac{1}{x+1}\right)$

(4) $y = \tan(\cos x)$

풀이 주어진 함수의 도함수는 다음과 같다.

(1) $y' = (\sin x \cos x)' = (\sin x)' \cos x + \sin x(\cos x)' = \cos^2 x - \sin^2 x = \cos 2x.$

(2) $y' = (x^2+1)' \sec(x^2+1)\tan(x^2+1) = 2x\sec(x^2+1)\tan(x^2+1).$

(3) $$\begin{aligned} y' &= -\left(\frac{1}{x+1}\right)' \sin\left(\frac{1}{x+1}\right) = -\frac{-1}{(x+1)^2}\sin\left(\frac{1}{x+1}\right) \\ &= \frac{1}{(x+1)^2}\sin\left(\frac{1}{x+1}\right). \end{aligned}$$

(4) $y' = (\cos x)' \sec^2(\cos x) = -\sin x \sec^2(\cos x).$ ■

예제 4.29

함수 $y = \sin^2(\sqrt{x^2+1})$의 도함수를 구하시오.

풀이 주어진 함수의 도함수는 다음과 같이 얻는다.

$$\begin{aligned} y' &= 2\sin(\sqrt{x^2+1}) \cdot \left(\sin(\sqrt{x^2+1})\right)' \\ &= 2\sin(\sqrt{x^2+1}) \cdot \cos(\sqrt{x^2+1}) \cdot (\sqrt{x^2+1})' \\ &= \frac{2x}{\sqrt{x^2+1}} \sin(\sqrt{x^2+1}) \cos(\sqrt{x^2+1}) \end{aligned}$$ ■

참고 4.30

참고로, $\sin^2 x = (\sin x)^2$, 즉 $\sin x$의 거듭제곱이고, $\sin x^2 = \sin(x^2)$, 즉 x^2 라디안에 대한 sin의 함숫값이다. 따라서, 두 함수의 도함수는

$$\frac{d}{dx}\left(\sin^2 x\right) = 2\sin x \cos x,$$
$$\frac{d}{dx}\left(\sin x^2\right) = 2x\cos x^2,$$

이므로 반드시 구분하기 바란다.

예제 4.31

$\sin x + \sin y = xy$에서 $\dfrac{dy}{dx}$를 구하고, 이 음함수로 주어진 곡선 위의 점 $(0, \pi)$에서의 접선의 방정식을 구하시오.

풀이 주어진 식의 양변을 x에 대하여 미분하면

$$\cos x + \cos y \frac{dy}{dx} = y + x\frac{dy}{dx}$$

이므로 함수 y의 x에 대한 미분은

$$\frac{dy}{dx} = \frac{\cos x - y}{x - \cos y} \quad (\text{단}, \quad x - \cos y \neq 0)$$

이다. 따라서 점 $(0, \pi)$에서 접선의 기울기는 $m = 1 - \pi$이고, 접선의 방정식은 $y = (1-\pi)x + \pi$이다. ■

4.3.2 지수함수와 로그함수의 도함수

3.3.2절에서 살펴본 것과 같이 극한

$$\lim_{n\to\infty}\left(1 + \frac{1}{n}\right)^n = \lim_{x\to 0}(1+x)^{\frac{1}{x}} \tag{4.9}$$

는 무리수 e로 수렴하는데, 이를 **자연상수**라 한다[2]. 특별히 밑을 e로 하는 로그를 **자연로그**(natural logarithm)라 하고, 밑을 10으로 하는 로그를 **상용로그**(common logarithm)라 하는데, 자연로그와 상용로그의 경우 밑을 헛갈릴 우려가 없는 경우에 흔히 밑을 생략하고 쓰기도 한다. 일반적으로 상용로그는 log로 표기하고 자연과학이나 응용과학에서 주로 다루는 자연로그는 ln으로 표기한다.

정리 4.32 함수 $f(x) = a^x$ $(a > 0)$은 모든 점에서 미분가능하고 그 도함수는 다음과 같다.

$$\frac{d}{dx}(a^x) = a^x \ln a$$

증명 정리 3.49을 적용하면 지수함수 a^x의 도함수는 다음과 같다.

$$\frac{d}{dx}(a^x) = \lim_{h\to 0}\frac{a^{x+h} - a^x}{h} = \lim_{h\to 0}\frac{a^x \cdot a^h - a^x}{h} = a^x\left(\lim_{h\to 0}\frac{a^h - 1}{h}\right) = a^x \ln a$$ ■

---

[2] 오일러(Leonhard Euler, 1707 ~ 1783, 스위스의 수학자)의 상수 e는 식 (4.9)에서와 같이 극한으로 정의되는 무리수로서 오일러의 이름 첫 문자를 기호화시켰다.

예제 4.33

함수 $y=7^{\sqrt{x}}$의 도함수를 구하시오.

풀이 주어진 함수의 도함수는 다음과 같이 얻는다.

$$\frac{dy}{dx}=7^{\sqrt{x}}\ln 7\frac{d}{dx}(\sqrt{x})=\frac{7^{\sqrt{x}}\ln 7}{2\sqrt{x}}$$ ■

따름정리 4.34 함수 $f(x)=e^x$은 모든 점에서 미분가능하고 그 도함수는 다음과 같다.

$$\frac{d}{dx}(e^x)=e^x$$

증명 정리 4.32에서 $a=e$인 특별한 경우이다. ■

예제 4.35

다음 함수의 도함수를 구하시오.

(1) $y=e^{3x-2}$

(2) $y=e^{-x^2}$

(3) $y=3^{-4x}$

(4) $y=2^{x^2+3x+2}$

(5) $y=(e^x+e^{-x})^2$

(6) $y=e^{2x}\cos 5x$

풀이 정리 4.32와 따름정리 4.34을 이용하여 다음과 같이 도함수를 구한다.

(1) $y'=(3x-2)'e^{3x-2}=3e^{3x-2}$

(2) $y'=(-x^2)'e^{-x^2}=-2xe^{-x^2}$

(3) $y'=(-4x)'3^{-4x}\ln 3=(-4)3^{-4x}\ln 3$

(4) $y'=(x^2+3x+2)'2^{x^2+3x+2}\ln 2=(2x+3)2^{x^2+3x+2}\ln 2$

(5) $y'=2\left(e^x+e^{-x}\right)\left(e^x+e^{-x}\right)'=2\left(e^x+e^{-x}\right)\left(e^x-e^{-x}\right)=2\left(e^{2x}-e^{-2x}\right)$

(6) $y'=(e^{2x})'\cos 5x+e^{2x}(\cos 5x)'=2e^{2x}\cos 5x-5e^{2x}\sin 5x$

$\quad=e^{2x}(2\cos 5x-5\sin 5x)$ ■

정리 4.36 함수 $f(x)=\log_a x$ $(a>0,\ a\neq 1,\ x>0)$은 정의역의 모든 점에서 미분가능하며 그 도함수는 다음과 같다.

$$\frac{d}{dx}(\log_a x)=\frac{1}{x\ln a},\qquad x>0$$

증명 $\frac{h}{x}=t$라 하고, $h\to 0$일 때, $t\to 0$이므로 다음이 성립한다.

$$\lim_{h\to 0}\left(1+\frac{h}{x}\right)^{\frac{x}{h}} = \lim_{t\to 0}(1+t)^{\frac{1}{t}} = e$$

이때, 로그함수 $\log_a x$는 연속함수이므로 그 도함수는 다음과 같이 얻는다.

$$\begin{aligned}\frac{d}{dx}(\log_a x) &= \lim_{h\to 0}\frac{\log_a(x+h)-\log_a x}{h} = \lim_{h\to 0}\frac{1}{h}\log_a\left(\frac{x+h}{x}\right)\\ &= \lim_{h\to 0}\left(\frac{1}{x}\right)\left(\frac{x}{h}\right)\log_a\left(1+\frac{h}{x}\right) = \lim_{h\to 0}\frac{1}{x}\log_a\left(1+\frac{h}{x}\right)^{\frac{x}{h}}\\ &= \frac{1}{x}\log_a\lim_{h\to 0}\left(1+\frac{h}{x}\right)^{\frac{x}{h}} = \frac{1}{x}\log_a e = \frac{1}{x\ln a}\end{aligned}$$

■

따름정리 4.37 함수 $f(x)=\ln x\ (x>0)$은 정의역의 모든 점에서 미분가능하고 그 도함수는 다음과 같다.

$$\frac{d}{dx}(\ln x) = \frac{1}{x}$$

증명 정리 4.36에서 $a=e$인 특별한 경우이다. ■

예제 4.38

다음 함수의 도함수를 구하시오.

(1) $y=\ln|x|$ (2) $y=\log_a|x|$

풀이 (1) 먼저, $x>0$일 때 $y=\ln|x|=\ln x$이므로 $y'=\dfrac{1}{x}$이다. 만약 $x<0$이면 $y=\ln|x|=\ln(-x)$이므로

$$y' = \left(\frac{1}{-x}\right)\frac{d(-x)}{dx} = \frac{1}{x}$$

이다. 따라서 모든 $x\neq 0$에 대하여 다음이 성립한다.

$$\frac{dy}{dx} = \frac{d}{dx}(\ln|x|) = \frac{1}{x}$$

(2) $y=\log_a|x|=\dfrac{\ln|x|}{\ln a}$이므로 (1)을 적용하면 다음을 얻는다.

$$\frac{dy}{dx} = \frac{d}{dx}\left(\frac{\ln|x|}{\ln a}\right) = \left(\frac{1}{\ln a}\right)\frac{d}{dx}(\ln|x|) = \frac{1}{x\ln a}$$

■

예제 4.39

다음 함수의 도함수를 구하시오.

(1) $y = \ln(x^3+1)$

(2) $y = \ln(x+\sqrt{x^2+1})$

(3) $y = \log_{10}(\tan x)$

(4) $y = \ln\left(\dfrac{1-\sin x}{1+\sin x}\right)$

풀이 주어진 함수의 도함수는 다음과 같다.

(1) $y' = \dfrac{(x^3+1)'}{x^3+1} = \dfrac{3x^2}{x^3+1}$

(2) $y' = \dfrac{\left(x+\sqrt{x^2+1}\right)'}{x+\sqrt{x^2+1}} = \dfrac{1+\dfrac{x}{\sqrt{x^2+1}}}{x+\sqrt{x^2+1}} = \dfrac{\dfrac{x+\sqrt{x^2+1}}{\sqrt{x^2+1}}}{x+\sqrt{x^2+1}} = \dfrac{1}{\sqrt{x^2+1}}$

(3) $y' = (\log_{10}(\tan x))' = \dfrac{(\tan x)'}{\tan x \ln 10} = \dfrac{\sec^2 x}{\tan x \ln 10} = \dfrac{\sec x}{\sin x \ln 10}$

(4) $y = \ln(1-\sin x) - \ln(1+\sin x)$를 이용하여 다음을 얻는다.

$$y' = (\ln(1-\sin x) - \ln(1+\sin x))' = \frac{(1-\sin x)'}{1-\sin x} - \frac{(1+\sin x)'}{1+\sin x}$$

$$= \frac{-\cos x}{1-\sin x} - \frac{\cos x}{1+\sin x} = \frac{-2\cos x}{1-\sin^2 x} = -2\sec x$$

■

$y = \left(f(x)\right)^{g(x)}$와 같은 형태의 함수를 미분하는 경우, 먼저 주어진 함수의 양변에 자연로그를 취한 후 음함수의 미분법을 적용하여 주어진 함수의 도함수를 구하는 것이 일반적이다. 이러한 미분 방법을 **로그미분법**(logarithmic differentiation)이라고 한다. 로그미분법을 도함수를 구하려는 함수가 여러 개의 인수들의 곱으로 되어 있는 경우에도 적용하면 효율적으로 도함수를 구할 수 있다.

예제 4.40

함수 $y = x^{\sqrt{x}}$ $(x > 0)$의 도함수를 구하시오.

풀이 양변에 자연로그를 취하면 $\ln y = \sqrt{x}\ln x$이고, 양변을 x에 대하여 미분하면

$$\frac{y'}{y} = \frac{1}{2\sqrt{x}}\ln x + \sqrt{x}\cdot\frac{1}{x}$$

이다. 따라서 주어진 함수의 도함수는 다음과 같다.

$$y' = \frac{\ln x + 2}{2\sqrt{x}}\cdot y = \left(\frac{\ln x+2}{2\sqrt{x}}\right)x^{\sqrt{x}} = \left(\frac{\ln x+2}{2}\right)x^{\sqrt{x}-\frac{1}{2}}$$

■

예제 4.41

실수 a에 대하여 $y = x^a \ (x > 0)$의 도함수를 구하시오.

풀이 $y = x^a$의 양변에 자연로그를 취하면 $\ln y = a \ln x$이고 이 식의 양변을 x에 대하여 미분하면 다음과 같다.

$$\frac{y'}{y} = \frac{a}{x} \quad \Longrightarrow \quad y' = \frac{ay}{x} = \frac{ax^a}{x} = ax^{a-1}$$ ■

예제 4.42

함수 $y = \dfrac{x^{\frac{3}{4}}\sqrt{x^2+1}}{(3x+2)^5}$의 도함수를 구하시오.

풀이 주어진 함수의 양변에 자연로그를 취하면

$$\ln y = \frac{3}{4}\ln x + \frac{1}{2}\ln(x^2+1) - 5\ln(3x+2)$$

이다. 이제 이 식의 양변을 x에 관하여 미분하면

$$\frac{1}{y}\frac{dy}{dx} = \frac{3}{4x} + \frac{x}{x^2+1} - \frac{15}{3x+2}$$

이다. 따라서 구하는 도함수는 다음과 같다.

$$\begin{aligned}\frac{dy}{dx} &= y\left(\frac{3}{4x} + \frac{x}{x^2+1} - \frac{15}{3x+2}\right) \\ &= \frac{x^{\frac{3}{4}}\sqrt{x^2+1}}{(3x+2)^5}\left(\frac{3}{4x} + \frac{x}{x^2+1} - \frac{15}{3x+2}\right)\end{aligned}$$ ■

4.3 연습문제

1. 다음 극한값을 구하시오.

(1) $\displaystyle\lim_{x \to 1} \frac{2^x - 2}{x-1}$ (2) $\displaystyle\lim_{x \to \frac{\pi}{2}} \frac{\sin x - \sin\frac{\pi}{2}}{x - \frac{\pi}{2}}$

2. $\displaystyle\lim_{x \to a} \frac{\cos x - \cos a}{x-a} = 1$이 성립하는 모든 a를 구하시오.

3. 다음 함수의 도함수를 구하시오.

(1) $y = x^2 \cos x - 2x \sin x$　　(2) $y = 3\tan(\cos(x^2+1))$

(3) $y = \csc x \tan x$　　(4) $y = \dfrac{\sin x - 1}{\cos x + 1}$

(5) $y = \sec^3 x + \tan x$　　(6) $y = \sqrt{\cot x}$

4. 다음 방정식으로 주어진 x에 대한 음함수 y의 도함수 $\dfrac{dy}{dx}$를 구하시오.

(1) $\cos(x+y) + \sin(x-y) = 0$　　(2) $x \cot y + y \tan x = 1$

5. 다음 함수의 도함수를 구하시오. 단, a는 양수이다.

(1) $y = 10^x$　　(2) $y = 5^{x^2-2x+2}$

(3) $y = a^x \ln x$　　(4) $y = \dfrac{e^x + e^{-x}}{2}$

(5) $y = \ln(\sin^2 x)$　　(6) $y = (\ln x)^3$

(7) $y = \ln(\sqrt{x^2+1})$　　(8) $y = (2x)^{\sqrt{2}}$

(9) $y = \dfrac{e^x - e^{-x}}{e^x + e^{-x}}$　　(10) $y = \ln|\cos x|$

6. 로그미분법을 적용하여 주어진 함수의 도함수를 구하시오.

(1) $y = x^x$　　(2) $y = (\cos x)^x$

(3) $y = x^{\ln x^2}$　　(4) $y = \dfrac{(2x+1)^3(x^4-8)^5}{\sqrt{x^2+1}}$

7. $f'(0) = a$일 때, $\displaystyle\lim_{x\to 0} \frac{f(2x) - f(\sin x)}{x}$의 값을 a로 나타내어라.

8. $f(x) = x^{\sin x}$에 대하여 $x = \dfrac{\pi}{2}$에서 접선의 방정식을 구하시오.

9. 매개변수방정식이 다음과 같이 주어졌을 때, $\dfrac{dy}{dx}$를 구하시오.

$$x = e^{2t+1},\ y = \ln(t^2+1),$$

10. $f(x) = e^x \sin x$에 대하여 $f''(x) + af'(x) + bf(x) = 0$을 만족하는 a, b를 구하시오.

11. $f(x) = \ln(\ln x)$에 대하여 $\displaystyle\lim_{h\to 0} \frac{f(e+3h) - f(e-h)}{h}$의 값을 구하시오.

12. 정리 4.27의 (4), (5), (6)을 증명하시오.

4.4 도함수의 응용

미분법은 역사적으로 보면 곡선에 접선을 그리는 것과 함수의 최댓값, 최솟값을 찾는 것으로부터 시작되었다. 뉴턴과 라이프니츠에 의해 이론적으로 정립되고, 코시(A. L. Cauchy, 1789-1857)를 거쳐 현재와 같은 미분적분학의 형태가 갖추어졌다. 이 절에서 미분을 이용해 어떻게 함수의 극값 또는 최댓값과 최솟값을 알 수 있는지, 미분이 함수의 그래프 모양과 어떠한 관련이 있는지에 대해 공부해보자.

4.4.1 곡선의 접선과 법선

4.1절에서 살펴본 바와 같이 미분 가능함수 f로 만들어진 곡선 $y = f(x)$ 위의 점 $(a, f(a))$에서의 접선의 기울기는 미분계수 $f'(a)$이고, 점 $(a, f(a))$에서의 접선의 방정식과 법선의 방정식은 각각

$$y - f(a) = f'(a)(x - a), \quad y - f(a) = -\frac{1}{f'(a)}(x - a)$$

이다. 이 절에서는 지금까지 학습한 미분법을 바탕으로 다양한 곡선의 접선과 법선의 방정식을 살펴본다.

예제 4.43

다음 곡선의 주어진 점에서 접선과 법선의 방정식을 구하시오.

(1) $y = \ln x + 1,\ (e, 2)$ (2) $y = \sec x \tan x,\ (0, 0)$

풀이 (1) 구하는 접선의 기울기는 $y'|_{x=e} = \left.\frac{1}{x}\right|_{x=e} = e^{-1}$이므로 구하는 접선의 방정식은

$$y - 2 = e^{-1}(x - e) \quad \Longrightarrow \quad y = e^{-1}x + 1$$

이고, 법선의 방정식은 $y = -ex + 2 + e^2$이다.

(2) 우선 점 $(0, 0)$에서 접선의 기울기를 구하기 위해 주어진 함수의 도함수를 구하면

$$y' = \sec x(1 + 2\tan^2 x)$$

이다. 따라서 $y'|_{x=0} = 1$이므로 구하는 접선의 방정식은 $y = x$이고, 법선의 방정식은 $y = -x$이다. ■

정리 4.44 이차곡선 $ax^2 + by^2 + cx + dy + f = 0$ 위의 점 (x_0, y_0)에 대해 $2by_0 + d \neq 0$을 만족한다고 하자. 그러면, 점 (x_0, y_0)에서 접선이 존재하고, 접선의 방정식은

$$ax_0x + by_0y + c\frac{(x + x_0)}{2} + d\frac{(y + y_0)}{2} + f = 0$$

이다.

증명 주어진 이차곡선의 방정식의 양변을 x에 관하여 미분하면

$$2ax + 2by\frac{dy}{dx} + c + d\frac{dy}{dx} = 0$$

이므로 접선의 방정식의 기울기는

$$\left.\frac{dy}{dx}\right|_{(x,y)=(x_0,y_0)} = -\left.\frac{2ax + c}{2by + d}\right|_{(x,y)=(x_1,y_1)} = -\frac{2ax_0 + c}{2by_0 + d}$$

이다. 따라서 접선의 방정식은

$$y - y_0 = -\frac{2ax_0 + c}{2by_0 + d}(x - x_0)$$

이다. 한편, 점 (x_0, y_0)가 주어진 이차곡선 위의 점이므로 $ax_0^2 + by_0^2 + cx_0 + dy_0 + f = 0$을 이용하여 접선의 방정식을 정리하면

$$ax_0x + by_0y + c\frac{(x + x_0)}{2} + d\frac{(y + y_0)}{2} + f = 0$$

이다. ■

정리 4.44로부터 이차곡선 $ax^2 + by^2 + cx + dy + f = 0$ 위의 점 (x_0, y_0)에서의 접선의 방정식은

$$x^2 \to x_0x, \quad y^2 \to y_0y, \quad x \to \frac{x + x_0}{2}, \quad y \to \frac{y + y_0}{2}$$

로 변환하는 것에 의하여 구할 수 있다. 따라서 다음 따름정리를 얻는다.

따름정리 4.45 주어진 이차곡선 위의 점 (x_0, y_0)에서의 접선의 방정식은 다음과 같다. 여기서 a, b, p, r은 모두 0이 아닌 상수이다.

(1) 원: $x^2 + y^2 = r^2 \Longrightarrow$ 접선: $x_0x + y_0y = r^2$

(2) 포물선: $y^2 = 4px \Longrightarrow$ 접선: $y_0y = 2p(x + x_0)$

(3) 타원: $\dfrac{x^2}{a^2}+\dfrac{y^2}{b^2}=1 \Longrightarrow$ 접선: $\dfrac{x_0x}{a^2}+\dfrac{y_0y}{b^2}=1$

(4) 쌍곡선: $\dfrac{x^2}{a^2}-\dfrac{y^2}{b^2}=1 \Longrightarrow$ 접선: $\dfrac{x_0x}{a^2}-\dfrac{y_0y}{b^2}=1$

4.4.2 평균값의 정리

일반적으로 폐구간 $[a,b]$에서 연속인 함수 $f(x)$는 이 구간에서 최댓값과 최솟값을 갖는다. 이 성질로부터 다음 **롤(Rolle)의 정리**가 성립한다.

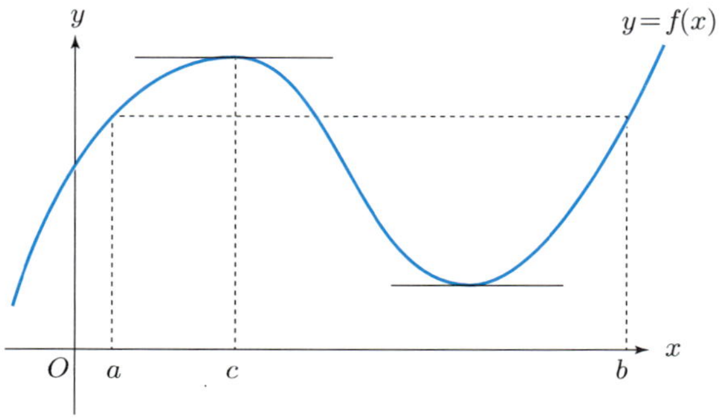

그림 4.4 롤의 정리

정리 4.46 **[롤의 정리(Rolle's Theorem)]** 함수 $f(x)$가 폐구간 $[a,b]$에서 연속이고 개구간 (a,b)에서 미분가능일 때, $f(a)=f(b)$이면

$$f'(c)=0$$

을 만족시키는 c가 구간 (a,b) 안에 적어도 하나 존재한다.

증명 함수 $f(x)$가 상수함수인 경우, 개구간 (a,b)의 모든 점 c에 대하여 $f'(c)=0$이다. 따라서 함수 $f(x)$가 상수함수가 아닐 때 이 정리를 증명하자. 함수 $f(x)$가 폐구간 $[a,b]$에서 연속이고 $f(a)=f(b)$이므로 $a<c<b$인 c가 존재하여 $f(c)$가 최댓값 또는 최솟값이다. 만약, $f(c)$가 최댓값이면 $|h|$가 충분히 작은 h $(h\neq 0)$에 대하여

$$f(c+h)-f(c)<0$$

이므로

$$\lim_{h\to 0+}\frac{f(c+h)-f(c)}{h}\le 0, \qquad \lim_{h\to 0-}\frac{f(c+h)-f(c)}{h}\ge 0$$

이다. 한편, 함수 $f(x)$는 $x = c$에서 미분가능이므로 위 두 극한값은 같다. 따라서

$$f'(c) = \lim_{h \to 0} \frac{f(c+h) - f(c)}{h} = 0$$

이다. $f(c)$가 최솟값이면 같은 방법으로 $f'(c) = 0$임을 증명할 수 있다. ■

예제 4.47

함수 $f(x) = x^2 - 2x + 1$에 대하여 구간 $[0, 2]$에서 롤의 정리를 만족하는 상수 c를 구하시오.

풀이 함수 $f(x)$는 폐구간 $[0, 2]$에서 연속이고 개구간 $(0, 2)$에서 미분가능이며 $f(0) = f(2) = 1$이므로 롤의 정리에 의하여 $f'(c) = 0$ $(0 < c < 2)$인 c가 존재한다. 한편, $f'(x) = 2x - 2$이므로 $f'(c) = 2c - 2 = 0$에서 $c = 1$이다. ■

다음은 롤의 정리를 일반화한 평균값의 정리이다. 이 정리는 함수의 증가 감소와 적분을 학습할 때 매우 중요하게 사용할 예정이다.

정리 4.48 **[평균값의 정리(Mean Value Theorem)]** 함수 $f(x)$가 폐구간 $[a, b]$에서 연속이고 개구간 (a, b)에서 미분가능이면

$$f'(c) = \frac{f(b) - f(a)}{b - a}$$

인 c가 구간 (a, b) 안에 적어도 하나 존재한다.

증명 함수 g를 구간 $[a, b]$에서 다음과 같이 정의하면

$$g(x) = f(x) - f(a) - \frac{f(b) - f(a)}{b - a}(x - a)$$

g는 폐구간 $[a, b]$에서 연속이고 개구간 (a, b)에서 미분가능이며 $g(a) = g(b) = 0$이다. 따라서 롤의 정리로부터 $g'(c) = 0$ $(a < c < b)$인 c가 적어도 하나 존재한다. 한편,

$$g'(c) = f'(c) - \frac{f(b) - f(a)}{b - a} = 0$$

이므로

$$f'(c) = \frac{f(b) - f(a)}{b - a}$$

이다. ■

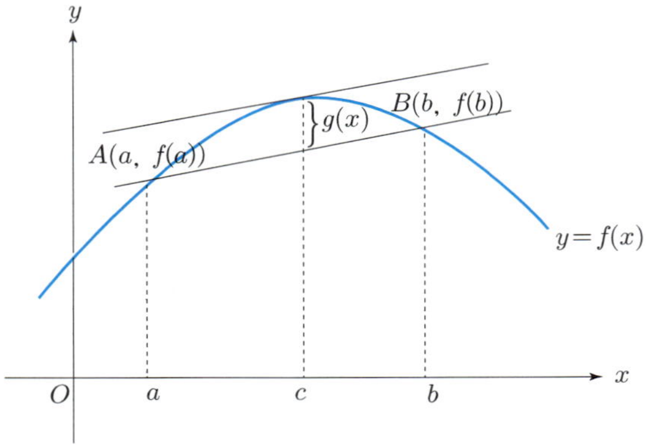

그림 4.5 평균값의 정리

예제 4.49

함수 $f(x) = x^2 + 1$에 대하여 구간 $[0, 2]$에서 평균값의 정리를 만족하는 상수 c를 구하시오.

풀이 함수 $f(x)$는 폐구간 $[0, 2]$에서 연속이고 개구간 $(0, 2)$에서 미분가능이므로 평균값의 정리에 의하여 $f'(c) = \dfrac{f(2) - f(0)}{2} = 2\ (0 < c < 2)$인 c가 존재한다. 한편, $f'(x) = 2x$이므로 $f'(c) = 2c = 2$에서 $c = 1$을 얻는다. ■

4.4.3 함수의 증가와 감소

이 절에서 주어진 함수 f에 대하여 f의 정의역의 한 점 근방에서 f의 증가상태와 감소상태를 도함수를 이용하여 알아보자.

함수 $y = f(x)$가 어떤 구간에 속하는 임의의 두 수 x_1, x_2에 대하여 $x_1 < x_2$일 때

(1) $f(x_1) < f(x_2)$이면 $f(x)$는 이 구간에서 증가한다.

(2) $f(x_1) > f(x_2)$이면 $f(x)$는 이 구간에서 감소한다.

정리 4.50 미분가능한 함수 $f(x)$가 어떤 구간의 모든 x에 대하여

(1) $f'(x) > 0$이면 $f(x)$는 이 구간에서 증가한다.

(2) $f'(x) < 0$이면 $f(x)$는 이 구간에서 감소한다.

증명 함수 $f(x)$가 어떤 구간에서 미분가능일 때, 그 구간의 임의의 두 실수 x_1, x_2에 대하여 $x_1 < x_2$이면 평균값의 정리에 의하여

$$\frac{f(x_1) - f(x_2)}{x_1 - x_2} = f'(c) \quad (x_1 < c < x_2) \tag{4.10}$$

인 c가 적어도 하나 존재한다.

(1) $f'(c) > 0$이므로 $x_1 < x_2$이므로 (4.10)로부터 $f(x_1) < f(x_2)$이다. 따라서 f는 이 구간에서 증가한다.

(2) $f'(c) < 0$이므로 $x_1 < x_2$이므로 (4.10)로부터 $f(x_1) > f(x_2)$이다. 따라서 f는 이 구간에서 감소한다. ■

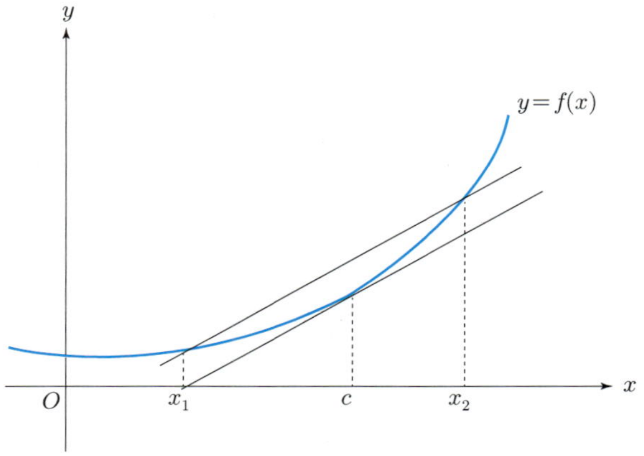

그림 4.6 함수의 증가

예제 4.51

함수 $f(x) = x^3 - 3x^2 + 2$의 증감을 조사하시오.

풀이 주어진 함수의 도함수는 $f'(x) = 3x^2 - 6x = 3x(x-2)$이므로 $f'(x) = 0$일 때, $x = 0$ 또는 $x = 2$이다. 이를 이용하여 아래 표를 얻을 수 있다.

x	$\cdots$	0	$\cdots$	2	$\cdots$
$f'(x)$	$+$	0	$-$	0	$+$
$f(x)$	$\nearrow$	2	$\searrow$	-2	$\nearrow$

$f'(x) > 0$인 범위는 $x < 0$ 또는 $x > 2$이고, $f'(x) < 0$인 범위는 $0 < x < 2$이다. 따라서 구간 $x < 0$ 또는 $x > 2$에서 f는 증가하고, 구간 $0 < x < 2$에서 f는 감소한다. ■

참고 4.52

만약 함수 f가 개구간 (a, b)에서 미분가능하고 폐구간 $[a, b]$에서 연속이라면 정리 4.50은 다음과 같이 말할 수 있다.

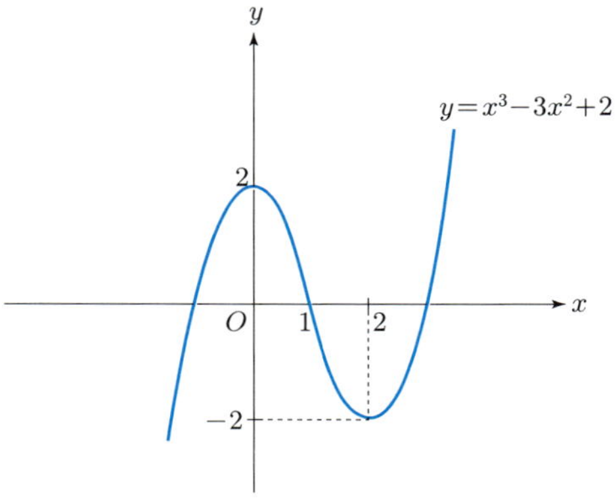

그림 4.7 $y = x^3 - 3x^2 + 2$의 그래프

(1) 개구간 (a, b) 내의 모든 x에 대하여 $f'(x) > 0$이면 함수 f는 폐구간 $[a, b]$에서 증가함수이다.

(2) 개구간 (a, b) 내의 모든 x에 대하여 $f'(x) < 0$이면 함수 f는 폐구간 $[a, b]$에서 감소함수이다.

예제 4.53

함수 $f(x) = x + \dfrac{1}{x}$의 증감을 조사하시오.

풀이 주어진 함수에 대하여

$$f'(x) = 1 - \frac{1}{x^2} = \frac{(x-1)(x+1)}{x^2}$$

이므로 $f'(x) = 0$일 때 $x = -1$ 또는 $x = 1$이다. 이 때, 함수 $f(x)$의 증가와 감소를 표로 나타내면

x	$\cdots$	-1	$\cdots$	(0)	$\cdots$	1	$\cdots$
$f'(x)$	$+$	0	$-$		$-$	0	$+$
$f(x)$	$\nearrow$	-2	$\searrow$		$\searrow$	2	$\nearrow$

이다. 따라서, 함수 $f(x)$는 $x < -1$ 또는 $x > 1$에서 증가하고 $-1 < x < 0$ 또는 $0 < x < 1$에서 감소한다. ■

정의 4.54 D를 함수 f의 정의역이라 하고 $c \in D$라 하자.

(1) c의 근방 $I = (a, b)$가 존재하고 모든 $x \in I \cap D$에 대해 $f(x) \leq f(c)$이면

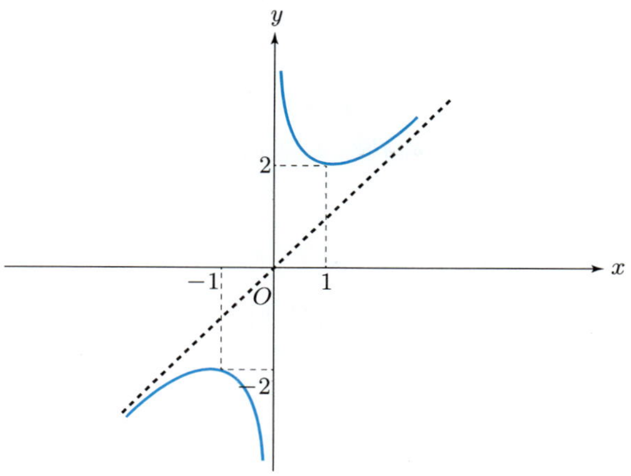

그림 4.8　$y = x + \dfrac{1}{x}$의 그래프

$f(c)$를 f의 **극댓값**(local maximum value)이라 한다.

(2) c의 근방 $I = (a, b)$가 존재하고 모든 $x \in I \cap D$에 대해 $f(x) \geq f(c)$이면 $f(c)$를 f의 **극솟값**(local minimum value)이라 한다.

(3) f의 극댓값과 극솟값을 통틀어 f의 **극값**(local extreme value)이라 한다.

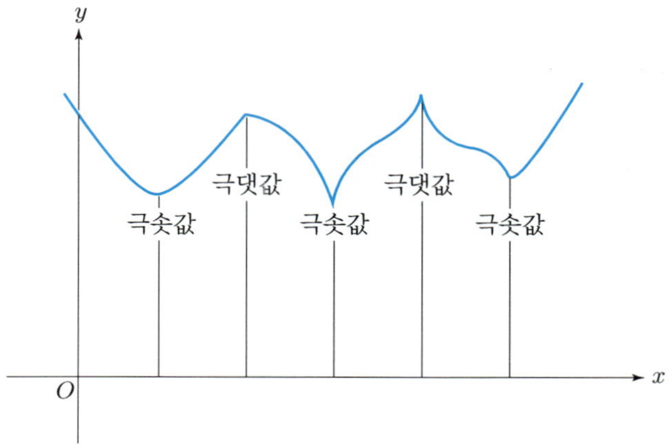

그림 4.9　극값

다음은 일계도함수를 이용한 함수의 극댓값과 극솟값을 판정할 수 있는 정리이다.

정리 4.55　**[일계도함수 판정법(First Derivative Test)]** 함수 f는 폐구간 $[a, b]$에서 연속이고 $a < c < b$ 이다.

(1) 충분히 작은 양수 $h > 0$가 존재하여 $c - h < x < c$에 대하여 $f'(x) > 0$이고 $c < x < c + h$에 대하여 $f'(x) < 0$이면 f는 $x = c$에서 극댓값 $f(c)$

를 갖는다.

(2) 충분히 작은 양수 $h > 0$가 존재하여 $c-h < x < c$에 대하여 $f'(x) < 0$이고 $c < x < c+h$에 대하여 $f'(x) > 0$이면 f는 $x = c$에서 극솟값 $f(c)$를 갖는다.

(3) 모든 $c-h < x < c+h$ $(x \neq c)$에 대하여 $f'(x)$가 같은 부호이면 f는 $x = c$에서 극값을 갖지 않는다.

증명 (1) 충분히 작은 $h > 0$가 존재하여 $c-h < x < c$에 대하여 $f'(x) > 0$이면 f는 구간 $(c-h, c)$에서 증가하므로 $f(x) < f(c)$이다. 또한, $c < x < c+h$에 대하여 $f'(x) < 0$이면 f는 구간 $(c, c+h)$에서 감소하므로 $f(c) > f(x)$이다. 따라서 모든 $c-h < x < c+h$에 대하여 $f(c) \geq f(x)$이고 f는 $x = c$에서 극댓값 $f(c)$를 갖는다.

(2)와 (3)도 같은 방법으로 증명된다. ■

예제 4.56

함수 $f(x) = \sqrt{2}x + 2\cos x$ $(0 \leq x \leq \pi)$의 극값을 구하시오.

풀이 $f'(x) = \sqrt{2} - 2\sin x$이고 $f'(x) = 0$에서 $x = \frac{\pi}{4}$ 또는 $x = \frac{3\pi}{4}$이고

$$f\left(\frac{\pi}{4}\right) = \frac{\sqrt{2}\pi}{4} + \sqrt{2}, \qquad f\left(\frac{3\pi}{4}\right) = \frac{3\sqrt{2}\pi}{4} - \sqrt{2}$$

이다. 따라서 주어진 함수의 증감표는

x	0	$\cdots$	$\frac{\pi}{4}$	$\cdots$	$\frac{3\pi}{4}$	$\cdots$	π
$f'(x)$		$+$	0	$-$	0	$+$	
$f(x)$		$\nearrow$	$\frac{\sqrt{2}\pi}{4} + \sqrt{2}$	$\searrow$	$\frac{3\sqrt{2}\pi}{4} - \sqrt{2}$	$\nearrow$	
극값			극대		극소		

이다. 그러므로 극댓값은 $\frac{\sqrt{2}\pi}{4} + \sqrt{2}$이고 극솟값은 $\frac{3\sqrt{2}\pi}{4} - \sqrt{2}$이다. ■

다음은 이계도함수를 이용한 함수의 극댓값과 극솟값을 판정할 수 있는 정리이다.

정리 4.57 **[이계도함수 판정법(Second Derivative Test)]** 함수 $f(x)$가 연속인 이계도함수를 가지고 $f'(a) = 0$일 때,

(1) $f''(a) > 0$이면 f는 $x = a$에서 극솟값을 갖는다.

(2) $f''(a) < 0$이면 f는 $x = a$에서 극댓값을 갖는다.

증명 (1) 함수 f가 연속인 이계도함수를 가지기 때문에 $f''(a) > 0$이면 f의 도함수 $f'(x)$는 $x = a$의 근방, 즉 충분히 작은 $|h|$에 대해 개구간 $(a-h, a+h)$에서 증가한다. 따라서, $f'(a) = 0$이므로 $f'(x)$는 $x = a$의 왼쪽에서 $-$ 값을 갖고 $x = a$의 오른쪽에서 $+$ 값을 갖는다. 즉

x	$\cdots$	a	$\cdots$
$f'(x)$	$-$	0	$+$
$f(x)$	↘	극소	↗

(2) (1)과 같은 방법으로 증명된다. ■

예제 4.58

함수 $f(x) = 2x^3 - 9x^2 + 12x + 3$의 극값을 구하시오.

풀이 $f'(x) = 6x^2 - 18x + 12 = 6(x-1)(x-2)$이고 $f'(x) = 0$에서 $x = 1$ 또는 $x = 2$이다. 또한, $f''(x) = 12x - 18$이므로

$$f''(1) = -6 < 0, \qquad f''(2) = 6 > 0$$

이다. 따라서 $f(1) = 8$은 극댓값이고 $f(2) = 7$은 극솟값이다. ■

정의 4.59 집합 D는 함수 f의 정의역으로 점 c를 포함한다.

(1) 모든 $x \in D$에 대하여 $f(c) \geq f(x)$이면 $f(c)$는 f의 **최댓값**(maximum)이라 한다.

(2) 모든 $x \in D$에 대하여 $f(c) \leq f(x)$이면 $f(c)$는 f의 **최솟값**(minimum)이라 한다.

일계도함수 판정법과 이계도함수 판정법은 $f'(c) = 0$이 되는 점 c에서 f의 극대, 극소를 판정하는 방법이다. 정리 3.36으로부터 폐구간에서 연속인 함수는 그 구간에서 최댓값과 최솟값을 가짐을 알고있다. 다음 예제를 통해 구체적으로 찾아보자.

예제 4.60

함수 $f(x) = 2x^3 - 6x + 5$의 구간 $[-2, 3]$에서의 최댓값과 최솟값을 구하시오.

풀이 $f'(x) = 6x^2 - 6 = 6(x-1)(x+1)$ 이므로 $f'(x) = 0$ 이면 $x = 1$ 또는 $x = -1$ 이다. 또한, $f''(x) = 12x$ 이므로

$$f''(1) = 12 > 0, \qquad f''(-1) = -12 < 0$$

이다. 따라서 f는 $x = 1$에서 극솟값 $f(1) = 1$을 갖고 $x = -1$에서 극댓값 $f(-1) = 9$를 갖는다. 한편, $f(-2) = 1$이고 $f(3) = 41$이다. 주어진 함수의 증감은 아래 표와 같다.

x	-2	$\cdots$	-1	$\cdots$	1	$\cdots$	3
$f'(x)$		$+$	0	$-$	0	$+$	
$f(x)$	1	$\nearrow$	9	$\searrow$	1	$\nearrow$	41

따라서 f는 $x = -2$와 $x = 1$에서 최솟값 1을 갖고 $x = 3$에서 최댓값 41을 갖는다. ■

4.4.4 곡선의 오목·볼록과 변곡점

함수의 1계도함수는 함수의 증가 또는 감소를 판단하는데 유용함을 앞 절에서 공부하였다. 이 절에서는 2계도함수를 이용하여 함수의 그래프의 오목성과 볼록성을 판단하여 보자.

정의 4.61 함수 f가 개구간 I에서 정의되고 미분가능이며 $c \in I$라 하자. 함수 $y = f(x)$의 곡선 위의 점 $(c, f(c))$ 근방에서 곡선이

(1) $(c, f(c))$에서 접선의 위 부분에 있으면 f는 $(c, f(c))$에서 **아래로 볼록**(convex downward) 또는 **위로 오목**(concave upward)하다고 한다.

(2) $(c, f(c))$에서 접선의 아래 부분에 있으면 f는 $(c, f(c))$에서 **위로 볼록**(convex upward) 또는 **아래로 오목**(concave downward)하다고 한다.

(3) $(c, f(c))$의 한쪽에서는 $(c, f(c))$에서 접선의 위에 있고 다른 한쪽에서는 접선의 아래 부분에 있으면 f는 $(c, f(c))$에서 **변곡**(inflect)하다고 하고 $(c, f(c))$를 곡선 f의 **변곡점**(point of inflection)이라 한다.

정리 4.62 함수 f가 구간 I에서 두 번 미분가능하다고 하자. 모든 $x \in I$에 대하여

(1) $f''(x) > 0$이면 f의 그래프는 구간 I에서 아래로 볼록하다.

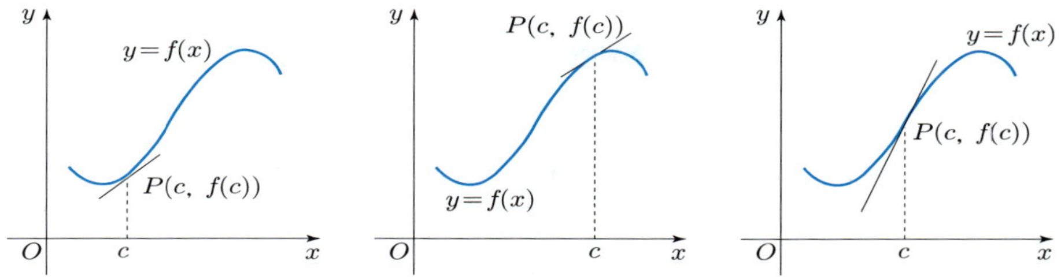

아래로 볼록　　　위로 볼록　　　변곡점

그림 4.10　곡선의 오목·볼록

> (2) $f''(x) < 0$이면 f의 그래프는 구간 I에서 위로 볼록하다.
>
> (3) 적당한 $c \in I$에 대하여 $f''(c) = 0$이고 x가 c를 지날 때 $f''(x)$의 부호가 변하면 $(c, f(c))$는 f의 변곡점이다.

위 정리의 증명은 생략하고 직관적으로 이해하여 보자. 함수 f가 구간 I에서 두 번 미분가능이고 모든 $x \in I$에 대하여 $f''(x) > 0$이면 f의 도함수 $f'(x)$가 구간 I에서 증가한다. 즉, x가 변함에 따라 접선의 기울기가 증가하므로 다음 그림과 같이 f는 구간 I에서 아래로 볼록하다.

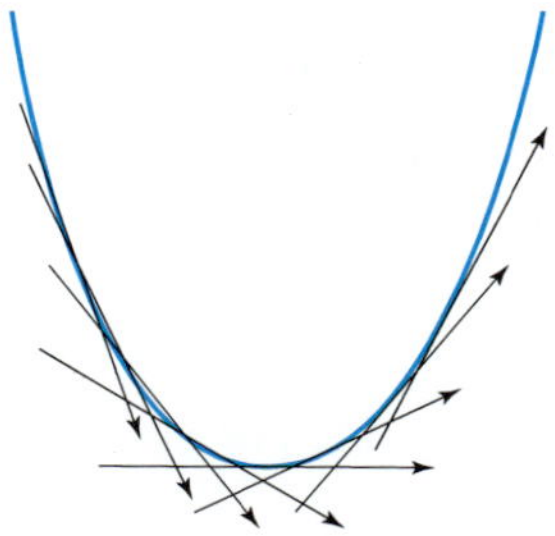

$f''(x)>0$일 때

그림 4.11　아래로 볼록

같은 방법으로 함수 f가 구간 I에서 두 번 미분가능이고 모든 $x \in I$에 대하여 $f''(x) < 0$이면 f의 도함수 $f'(x)$가 구간 I에서 감소 상태에 있다. 즉, x가 변함에 따라 접선의 기울기가 감소하므로 다음 그림과 같이 f는 구간 I에서 위로 볼록하다.

예제 4.63

곡선 $f(x) = x^3 - \frac{3}{2}x^2 + 2$에 대해 위로 볼록한 구간과 아래로 볼록한 구간, 그리고 변곡점을 구하시오.

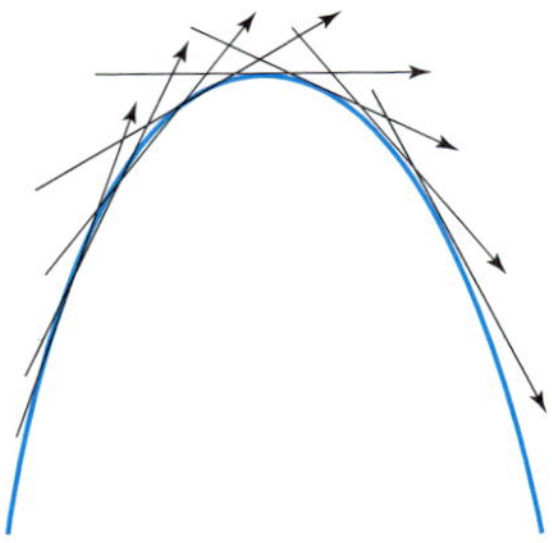

$f''(x) < 0$일 때

그림 4.12 위로 볼록

풀이 $f'(x) = 3x^2 - 3x = 3x(x-1)$이고 $f''(x) = 6x - 3 = 3(2x-1)$이므로 $x < \frac{1}{2}$일 때, $f''(x) < 0$이고 $x > \frac{1}{2}$일 때 $f''(x) > 0$이다.

x	$\cdots$	0	$\cdots$	$\frac{1}{2}$	$\cdots$	1	$\cdots$
$f'(x)$	$+$	0	$-$		$-$	0	$+$
$f''(x)$	$-$	$-$	$-$	0	$+$	$+$	$+$
$f(x)$	$\nearrow$		$\searrow$		$\searrow$		$\nearrow$

따라서 주어진 곡선은 $x < \frac{1}{2}$에서 위로 볼록하고, $x > \frac{1}{2}$에서 아래로 볼록하다. 또한 $x = \frac{1}{2}$일 때 $f''(x)$의 부호가 변하므로, 변곡점은 $\left(\frac{1}{2}, \frac{7}{4}\right)$이다. ■

예제 4.64

곡선 $f(x) = -x^4 + 2x^3 - 1$에 대해 위로 볼록한 구간과 아래로 볼록한 구간, 그리고 변곡점을 구하시오. 또한 극값을 구하시오.

풀이 $f'(x) = -4x^3 + 6x^2 = -2x^2(2x-3)$, $f''(x) = -12x^2 + 12x = -12x(x-1)$이므로 $f''(x) = 0$일 때, $x = 0$ 또는 $x = 1$이며 $x < 0$에서 $f''(x) < 0$, $0 < x < 1$에서 $f''(x) > 0$이고 $x > 1$에서 $f''(x) < 0$이다.

x	$\cdots$	0	$\cdots$	1	$\cdots$	$\frac{3}{2}$	$\cdots$
$f'(x)$	$+$	0	$+$		$+$	0	$-$
$f''(x)$	$-$	0	$+$	0	$-$	$-$	$-$

따라서 주어진 곡선은 구간 $x < 0$ 또는 $x > 1$에서 위로 볼록하고 구간 $0 < x < 1$에서 아래로 볼록이며 변곡점은 $(0, -1)$, $(1, 0)$이다.

$f'(x) = 0$일 때, $x = 0$ 또는 $x = \dfrac{3}{2}$이다. $x = 0$에서 $f'(x)$의 부호가 변하지

않으므로 극값이 아니며, $x = \frac{3}{2}$에서 $f''\left(\frac{3}{2}\right) < 0$이므로 $f\left(\frac{3}{2}\right) = \frac{11}{16}$은 극댓값이다. ■

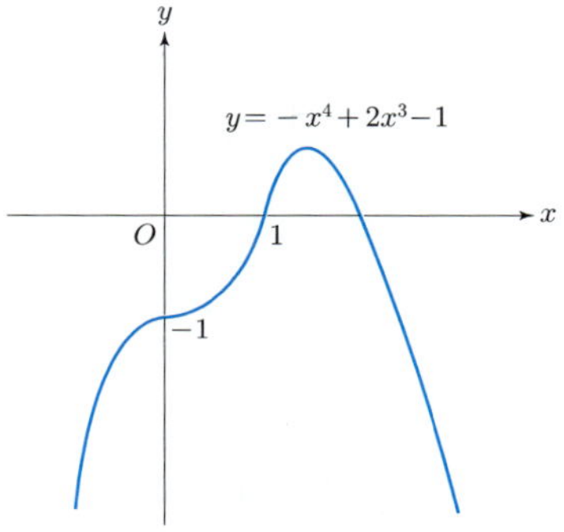

그림 4.13 $f(x) = -x^4 + 2x^3 - 1$의 그래프

4.4.5 함수의 그래프

곡선 $y = f(x)$ 위의 점 $P(x, y)$가 원점에서 한없이 멀어질 때, 이 점 P가 한없이 한 직선에 가까워지면 이 직선을 $y = f(x)$의 **점근선**(asymptote)이라 한다.

함수 $y = f(x)$의 그래프에서

(1) $\lim_{x \to a^+} f(x)$와 $\lim_{x \to a^-} f(x)$가 ∞ 또는 $-\infty$이면, 직선 $x = a$는 y축과 평행한 **수직점근선**이다.

(2) $\lim_{x \to \infty} f(x) = a$, $\lim_{x \to -\infty} f(x) = b$이면 $y = a$와 $y = b$가 x축과 평행한 **수평점근선**이다.

(3) $\lim_{x \to \pm\infty} \frac{f(x)}{x} = a\ (a \neq 0)$이고 $\lim_{x \to \pm\infty} (f(x) - ax) = b$이면, 직선 $y = ax + b$는 **사점근선**이다.

(3)의 사점근선에서 $a = 0$일 때는 (2)의 수평점근선이 된다.

예제 4.65

함수 $f(x) = \frac{x^2 + 1}{x - 1}$의 그래프의 점근선을 구하시오.

풀이 주어진 함수 $f(x) = \frac{x^2 + 1}{x - 1}$에 대해

$$\lim_{x \to 1^+} f(x) = \infty, \qquad \lim_{x \to 1^-} f(x) = -\infty$$

이므로, $x = 1$은 주어진 함수의 그래프의 수직점근선이다. 또한,

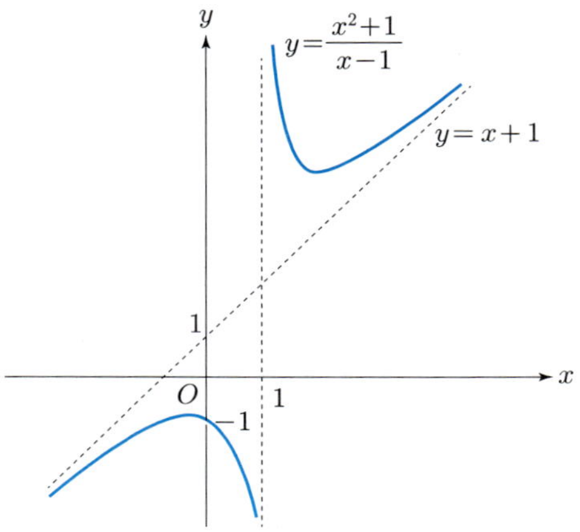

그림 4.14 $f(x)=\dfrac{x^2+1}{x-1}$ 의 그래프

$$a=\lim_{x\to\pm\infty}\frac{f(x)}{x}=\lim_{x\to\pm\infty}\frac{x^2+1}{x(x-1)}=1$$

이고

$$b=\lim_{x\to\pm\infty}(f(x)-x)=\lim_{x\to\pm\infty}\frac{x^2+1-x(x-1)}{x-1}=\lim_{x\to\pm\infty}\frac{x+1}{x-1}=1$$

이다. 그러므로 $y=x+1$은 주어진 함수의 그래프의 사점근선이다. ■

예제 4.66

함수 $f(x)=\dfrac{\sqrt{2x^2+1}}{x-1}$ 의 그래프의 점근선을 구하시오.

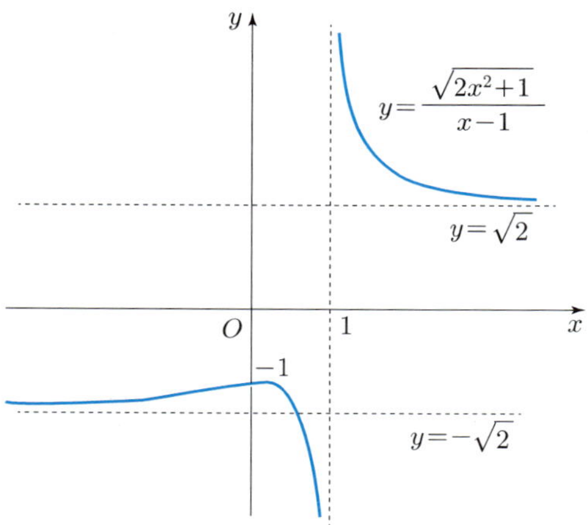

그림 4.15 $f(x)=\dfrac{\sqrt{2x^2+1}}{x-1}$ 의 그래프

풀이 함수 $f(x)$에 대하여

$$\lim_{x\to 1^+} f(x) = \infty, \qquad \lim_{x\to 1^-} f(x) = -\infty$$

이다. 따라서 $x = 1$은 주어진 함수의 그래프의 수직점근선이다. 또한,

$$\lim_{x\to\infty} \frac{\sqrt{2x^2+1}}{x-1} = \lim_{x\to\infty} \frac{\sqrt{2+\frac{1}{x^2}}}{1-\frac{1}{x}} = \sqrt{2}$$

이다. $x \to -\infty$일 때의 극한을 계산할 때는 $x < 0$일 때 $\sqrt{x^2} = |x| = -x$임을 유의하여야 한다. 따라서 $x < 0$일 때 분자를 x로 나누면

$$\frac{1}{x}\sqrt{2x^2+1} = -\frac{1}{\sqrt{x^2}}\sqrt{2x^2+1} = -\sqrt{2+\frac{1}{x^2}}$$

이고

$$\lim_{x\to-\infty} \frac{\sqrt{2x^2+1}}{x-1} = \lim_{x\to-\infty} -\frac{\sqrt{2+\frac{1}{x^2}}}{1-\frac{1}{x}} = -\sqrt{2}$$

이다. 따라서 두 직선 $y = \sqrt{2}$, $y = -\sqrt{2}$는 주어진 함수의 그래프의 수평점근선이다. 한편,

$$a = \lim_{x\to\pm\infty} \frac{f(x)}{x} = \lim_{x\to\pm\infty} \frac{\sqrt{2x^2+1}}{x(x-1)} = 0$$

이다. 함수 $f(x)$의 그래프는 그림 4.15와 같다.

■

지금까지 공부한 여러 가지 지식을 이용하여 주어진 함수의 그래프의 개형을 그리는 법을 알아보자. 함수의 그래프의 개형을 되도록 정확하게 그리려면 다음 순서를 따르는 것이 편리하다.

(1) 주어진 함수 f의 정의역을 조사한다.

(2) y절편, x절편을 조사한다.

(3) 주기성, 대칭성을 조사한다.

(4) 수직점근선, 수평점근선 또는 사점근선을 구한다.

(5) $f'(x)$를 이용하여 증가 또는 감소구간을 구한다.

(6) $f'(x)$를 이용하여 극댓값 또는 극솟값을 구한다.

(7) $f''(x)$를 이용하여 오목·볼록성 및 변곡점을 구한다.

(8) (1)에서 (7)의 내용을 이용하여 그래프의 개형을 그린다.

예제 4.67

함수 $f(x) = \dfrac{x}{(x+1)^2}$ 의 그래프를 그리시오.

풀이 앞서 설명한 순서대로 찾아보자.

(1) 정의역은 $x \neq -1$인 모든 실숫값의 집합이다.

(2) x절편과 y절편은 모두 0이다.

(3) 대칭성은 없다.

(4) $\lim_{x \to -1} \dfrac{x}{(x+1)^2} = -\infty$이므로 $x = -1$은 주어진 함수의 그래프의 수직점근선이다. 또한

$$\lim_{x \to \pm\infty} \frac{x}{(x+1)^2} = 0$$

이므로 $y = 0$, 즉 x축은 주어진 함수의 그래프의 수평점근선이다.

(5) 함수 $f(x)$의 도함수는

$$f'(x) = \frac{(x+1)^2 - 2x(x+1)}{(x+1)^4} = \frac{1-x}{(x+1)^3}$$

이므로 다음과 같은 증감표를 얻는다.

x	$\cdots$	-1	$\cdots$	1	$\cdots$
$f'(x)$	$-$		$+$	0	$-$
$f(x)$	$\searrow$		$\nearrow$		$\searrow$

$-1 < x < 1$에서 $f'(x) > 0$이고 $x < -1$과 $x > 1$에서 $f'(x) < 0$이므로 함수 f는 $(-1, 1)$에서 증가하고 $(-\infty, -1)$과 $(1, \infty)$에서 감소한다.

(6) $f'(1) = 0$이고 $f'(x)$의 부호가 $x = 1$의 좌우에서 양에서 음으로 변하므로 $f(1) = \dfrac{1}{4}$이 극댓값이다.

(7) 함수 $f(x)$의 이계도함수는

$$f''(x) = \frac{(-1)(x+1)^3 - (1-x)3(x+1)^2}{(x+1)^6} = \frac{2(x-2)}{(x+1)^4}$$

이므로 다음과 같은 표를 얻는다.

x	$\cdots$	-1	$\cdots$	2	$\cdots$
$f''(x)$	$-$		$-$	0	$+$

$(2, \infty)$에서 $f''(x) > 0$이므로 아래로 볼록하고 $(-\infty, -1)$과 $(-1, 2)$에서 $f''(x) < 0$이므로 위로 볼록하다. 또한 $\left(2, \frac{2}{9}\right)$는 주어진 함수의 변곡점이다.

■

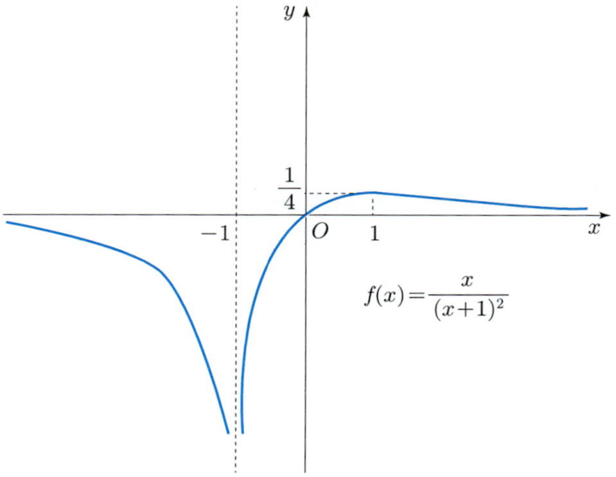

그림 4.16 $f(x) = \dfrac{x}{(x+1)^2}$의 그래프

4.4.6 속도와 가속도

물체가 자유낙하할 때, 낙하하기 시작하여 t초 후 낙하한 거리를 $x\,\mathrm{m}$라 하면

$$x = \frac{1}{2} \cdot 9.8t^2(\mathrm{m}) = 4.9t^2(\mathrm{m})$$

가 성립한다. 어떤 물체가 자유낙하를 시작하여 t_0초부터 $t_0 + h$ $(h = \triangle t)$초 사이의 평균속도를 계산하면

$$\frac{\triangle x}{\triangle t} = \frac{4.9(t_0 + h)^2 - 4.9t_0^2}{h} = 4.9\,(2t_0 + h)$$

이고 시간의 증분 h가 0에 한없이 가까워지면, 즉 $h \to 0$이면 평균속도는 극한값

$$\lim_{h \to 0} \frac{\triangle x}{\triangle t} = \lim_{h \to 0} 4.9\,(2t_0 + h) = 9.8t_0$$

이다. 이것은 $t = t_0$일 때의 순간속도를 의미하고 이는 $x = 4.9t^2$의 $t = t_0$에서의 순간변화율과 같다. 따라서, 어떤 물체가 자유낙하를 시작하여 t초 후 속도 (순간속도)를 $v(t)$라 하면

$$v(t) = 9.8t$$

이다.

일반적으로 수직선 위를 움직이는 점 P의 t초 후 위치는 시각 t의 함수이므로 $x = f(t)$라 하면 시각 t에서 점 P의 **속도**(velocity) 또는 **순간속도**(instantaneous velocity) $v(t)$는

$$v(t) = \frac{dx}{dt} = f'(t)$$

이다. 만약, $v(t) > 0$이면 속도가 양이므로 점 P는 수직선의 양의 방향으로, $v(t) < 0$이면 속도가 음이므로 점 P는 수직선의 음의 방향으로 움직인다. 속도의 절댓값 $|v(t)|$를 **속력**(speed)이라 한다. 따라서 속도는 크기와 방향을 함께 가지고 있으며 속력은 속도의 크기를 나타낸다.

속도의 (순간)변화율을 **가속도**(acceleration)라 하고 시각 t에서의 가속도를 일반적으로 $a(t)$로 나타내는데

$$a(t) = v'(t) = \frac{d^2x}{dt^2} = f''(t)$$

이다. 따라서, 어떤 물체가 자유낙하를 시작하여 t초 후 속도는 $v(t) = 9.8t$이고 임의의 시각 t에서의 가속도는 $a(t) = 9.8$이다. 이것을 **중력가속도**라 하고 물리적인 단위는 $\mathrm{m/sec^2}$이다.

예제 4.68

수직선 위를 움직이는 점의 시각 t에서의 좌표 x가 $x(t) = t^3 - 6t + 3$일 때, 속도와 가속도를 구하시오.

풀이 속도는 $v(t) = x'(t) = 3t^2 - 6$이고 가속도는 $a(t) = v'(t) = x''(t) = 6t$이다. ■

시각 t에서 길이가 ℓ, 넓이가 S, 부피가 V인 도형의 시간의 증분 $\triangle t$에 대한 증분이 각각 $\triangle \ell$, $\triangle S$, $\triangle V$라 하면, 시각 t에서의

(1) 길이 ℓ의 순간변화율은 $\displaystyle\lim_{\triangle t \to 0} \frac{\triangle \ell}{\triangle t} = \frac{d\ell}{dt}$이고

(2) 넓이 S의 순간변화율은 $\displaystyle\lim_{\triangle t \to 0} \frac{\triangle S}{\triangle t} = \frac{dS}{dt}$이고

(3) 부피 V의 순간변화율은 $\displaystyle\lim_{\triangle t \to 0} \frac{\triangle V}{\triangle t} = \frac{dV}{dt}$이다.

예제 4.69

잔잔한 호수에 돌을 던질 때 동심원 모양의 파문이 생긴다. 맨 바깥쪽 동심원의 반지름이 매초 am의 비율로 커질 때, 3초 후 동심원의 둘레의 증가율과 넓이의 증가율의 비를 구하시오. 단, $a(> 0)$는 상수이다.

풀이 t초 후 맨 끝 동심원의 반지름을 r, 둘레의 길이를 l, 넓이를 S라 하면

$$\begin{aligned} r(t) &= at, \\ l(t) &= 2\pi r(t) = 2a\pi t, \\ S(t) &= \pi r(t)^2 = a^2\pi t^2 \end{aligned}$$

이므로 둘레와 넓이의 증가율은 다음과 같다.

$$\begin{aligned} l'(t)|_{t=3} &= 2a\pi|_{t=3} = 2a\pi \\ S'(t)|_{t=3} &= 2\pi a^2 t|_{t=3} = 6a^2\pi \end{aligned}$$

따라서, 구하는 비율은 다음과 같다.

$$\frac{2a\pi}{6a^2\pi} = \frac{1}{3a}$$

■

좌표평면 위를 움직이는 점 P의 시간 t에서의 위치 좌표를 (x, y)라 하면 x와 y는 t의 함수이므로 다음과 같은 매개변수방정식으로 나타낼 수 있다.

$$x = f(t), \qquad y = g(t)$$

이 때, 점 P의 x-성분과 y-성분의 속도는 각각

$$v_x(t) = \frac{dx}{dt}, \qquad v_y(t) = \frac{dy}{dt}$$

이고

$$\vec{v}(t) = (v_x(t), v_y(t)) = \left(\frac{dx}{dt}, \frac{dy}{dt}\right)$$

를 시각 t에서의 점 P의 **속도벡터**(velocity vector) 또는 간단히 **속도**라 한다. 여기서 벡터는 크기와 방향을 함께 가지고 있음을 의미한다. $v(t)$의 크기

$$|\vec{v}(t)| = \sqrt{\left(\frac{dx}{dt}\right)^2 + \left(\frac{dy}{dt}\right)^2}$$

를 시각 t에서의 점 P의 **속력**이라 한다. 점 P의 x-성분과 y-성분의 가속도를 성분으로 하는

$$\vec{a}(t) = \left(\frac{d^2x}{dt^2}, \frac{d^2y}{dt^2}\right) = (f''(t), g''(t))$$

를 시각 t에서의 점 P의 **가속도 벡터**(acceleration vector) 또는 간단히 **가속도**라 한다.

예제 4.70

시각 t에서의 점 P의 좌표 (x, y)가

$$x = 2\sin t, \qquad y = \cos t$$

로 주어질 때, $t = \frac{\pi}{2}$에서의 점 P의 속도와 가속도를 구하시오.

풀이 $v_x(t) = x'(t) = 2\cos t$, $v_y(t) = y'(t) = -\sin t$이고 $a_x(t) = v_x'(t) = x''(t) = -2\sin t$, $a_y(t) = v_y'(t) = y''(t) = -\cos t$이므로

$$\vec{v}(t) = (2\cos t, -\sin t), \qquad \vec{a}(t) = (-2\sin t, -\cos t)$$

이다. 따라서 $t = \frac{\pi}{2}$에서의 점 P의 속도와 가속도는 각각 $(0, -1)$과 $(-2, 0)$이다. ■

4.4 연습문제

1. 곡선 $y = \cos x$ 위의 점 $(t, \cos t)$ $(-\pi < t < \pi)$에서 접선의 방정식의 y절편을 $g(t)$라 할 때 $\lim_{t \to 0} \frac{g(t)}{\cos t}$를 구하시오.

2. 원점을 지나며 곡선 $y = e^x$에 접하는 접선의 방정식을 구하시오.

3. 다음 함수들에 대하여 주어진 구간에서 평균값의 정리를 만족하는 모든 c를 구하시오.

   (1) $f(x) = 1 - x^2, \quad [0, 3]$
   (2) $f(x) = x^3 - 2x, \quad [-2, 3]$
   (3) $f(x) = \frac{1}{x}, \quad [1, 2]$
   (4) $f(x) = 1 + \sqrt[3]{x-1}, \quad [2, 9]$

4. 평균값의 정리를 이용하여 모든 실수 x, y에 대해 다음 부등식이 성립함을 증명하시오.

   (1) $|\cos x - \cos y| \le |x - y|$
   (2) $|\sin x - \sin y| \le |x - y|$

5. 구간 (a, b) 안에 모든 실수 x에 대하여 $f'(x) = 0$이면 f는 (a, b)에서 상수함수임을 증명하시오.

6. 곡선 $y = \ln x$와 직선 $y = kx$가 접할 때 k의 값을 구하시오.

7. 다음 주어진 함수의 극값을 구하시오.

(1) $f(x) = 2 - 2x - x^2$　　(2) $f(x) = x^3 + x + 5$

(3) $f(x) = x^4 - 4x^3 - 8x^2 + 1$　　(4) $f(x) = x^{\frac{1}{5}}(x+1)$

(5) $f(x) = x^3 - 3x^2 - 9x + 1$　　(6) $f(x) = x(2 - x)$

(7) $f(x) = x^2 e^x$　　(8) $f(x) = x \ln x$

8. 함수 $f(x) = x^2 + \dfrac{a}{x}$에서 다음 조건을 만족하는 a의 값을 구하시오.

(1) $x = 2$에서 극솟값　　(2) $x = -3$에서 극솟값

9. 함수 $f(x) = x^3 + ax^2 + bx + 1$가 $x = -1$에서 극솟값을 $x = -3$에서 극댓값을 가질 때 a와 b를 구하시오.

10. 다음 함수들에 대하여 주어진 구간에서 극값 및 최댓값, 최솟값을 구하시오.

(1) $f(x) = |x|, \quad -2 \le x \le 1$　　(2) $f(x) = |4x - 1|, \quad 0 \le x \le 1$

(3) $f(x) = 1 - x^2, \quad 0 < x < 1$　　(4) $f(x) = 1 - x^2, \quad 0 < x \le 1$

(5) $f(x) = x^2 e^{-x}, \quad 0 \le x \le 3$　　(6) $f(x) = e^x - e^{-x}, \quad -1 \le x \le 2$

11. 다음 주어진 함수의 오목·볼록성을 조사하시오

(1) $f(x) = 2 - 2x - x^2$　　(2) $f(x) = x^3 + x + 5$

(3) $f(x) = x^4 - 4x^3 - 8x^2 + 1$　　(4) $f(x) = x^{\frac{1}{5}}(x+1)$

(5) $f(x) = x^3 - 3x^2 - 9x + 1$　　(6) $f(x) = x(2 - x)$

(7) $f(x) = x^2 e^x$　　(8) $f(x) = x \ln x$

(9) $f(x) = 3x^2 - 2x + 1$　　(10) $f(x) = -4x^3 + 3x^2 + 8x$

12. 다음 함수 $f(x)$의 변곡점을 구하시오.

(1) $f(x) = (x+2)^3$　　(2) $f(x) = x^3 + 3x^2 - 9x - 2$

(3) $f(x) = 3x^4 + 4x^3$　　(4) $f(x) = x^9 - 3x^3$

13. 다음 함수의 극값 및 변곡점을 구하고 그래프의 개형을 그리시오.

(1) $f(x) = x + \dfrac{4}{x}$　　(2) $f(x) = x^3 + x + 5$

(3) $f(x) = x^3 - 6x^2 + 9x - 3$　　(4) $f(x) = x^4 - 4x^3 + 10$

(5) $f(x) = \dfrac{4x}{1+4x^2}$

(6) $f(x) = x^{\frac{1}{5}}(x+1)$

(7) $f(x) = \sin x + \cos x$

(8) $f(x) = \dfrac{e^x + e^{-x}}{2}$

14. 다음 함수에 대해서 점근선, 극값, 변곡점 등의 유무를 조사하고 그래프의 개형을 그리시오.

(1) $y = \dfrac{1}{(x-1)^2}$

(2) $y = \sqrt{x^2-1}\ (x \geq 1)$

(3) $y = \dfrac{x}{(x-1)^2}$

(4) $y = x + \tan x$

(5) $y = \dfrac{x^2+3}{x-1}$

(6) $y = \dfrac{x^2}{x^2-4}$

(7) $y = \dfrac{e^x - e^{-x}}{e^x + e^{-x}}$

(8) $y = e^{-x^2}$

15. x축 위를 움직이는 점 P의 시각 t에서의 위치 x는

$$x(t) = t^3 - 3t^2 + 3t + 2$$

로 주어질 때, 다음을 구하시오.

(1) 점 P의 진행방향이 바뀌는 시각 t를 구하시오.

(2) 시각 $t=2$에서 속도를 구하시오.

(3) 시각 $t=3$에서 가속도를 구하시오.

16. 윗면의 반지름의 길이가 20cm, 높이가 30cm인 직원뿔 모양의 밑으로 뾰족한 그릇에 매초 10cm^{3}의 물을 넣을 때, 수면의 높이가 10cm인 순간에 수면이 올라가는 속도를 구하시오.

17. 좌표평면 위를 움직이는 점 P의 시각 t에서의 위치가 다음과 같은 때, 점 P의 시각 t에서의 속도와 속력, 그리고 가속도를 구하시오.

(1) $x = t^3 + 2t + 1,\ y = -t^2 - t$

(2) $x = e^t \sin t,\ y = e^t \cos t$

5장

적분과 그 응용

고대 그리스 시대에 아르키메데스(Archimedes)의 구적법으로부터 시작된 적분은 르네상스 시대에 갈릴레이의 제자인 카발리에리(B. F. Cavalieri: 1598–1647)에 의하여 도입된 무한의 개념을 계기로 급속도로 발전하였다. 또한, 데카르트(R. Descartes: 1596–1650)에 의하여 개발된 좌표 평면과 해석기하학은 미적분학의 발전에 중요한 역할을 하였다. 카발리에리 이후 파스칼(B. Pascal: 1623–1662)을 거치셔 뉴턴(I. Newton: 1642–1727)과 라이프니츠(G. W. Leibniz: 1646–1716)에 의하여 독자적으로 미적분학이 개발되었고, 적분은 미분의 역연산으로 적분을 구하는 것은 역도함수를 구하는 것과 같다는 미적분학의 기본정리가 발견되었다.

19세기에 리만(G. F. B. Riemann: 1826–1866)은 적분을 수학적으로 엄밀하게 정의하고, 코시(A. L. Cauchy: 1789–1857)가 모든 연속함수는 적분가능함을 증명하였으며, 리만은 코시의 업적을 확장하여 연속함수의 적분은 리만 합의 극한과 일치함을 증명함으로써 현재 적분으로 사용되고 있는 리만적분이 탄생하였다.

이 장에서는 미분의 역연산으로써 정의되는 함수의 부정적분, 리만적분인 정적분과 미적분학의 기본정리를 활용하여 정적분을 간단히 계산하는 방법을 다룬다. 적분의 응용으로서 주어진 영역의 면적과 입체의 부피를 구하는 방법을 다룬다. 또한, 역학계의 운동을 설명하는 속도, 가속도 그리고 이동거리와의 관계를 다룬다.

5.1 부정적분

어떤 함수 $F(x)$의 도함수가 $f(x)$일 때, $F(x)$를 $f(x)$의 **원시함수**(primitive function) 또는 **부정적분**(indefinite integral)이라 한다. 함수 $f(x)$의 부정적분을 표시하기 위하여, 적분기호 $\int$ [1] 를 도입하여

$$\int f(x)\,dx$$

로 나타낸다. 즉,

$$\int f(x)\,dx = F(x) \implies F'(x) = f(x)$$

상수 C를 미분하면 0이기 때문에, $F'(x) = f(x)$를 만족하는 경우 $(F(x)+C)' = f(x)$ 또한 성립한다. 따라서 $F'(x) = f(x)$를 만족하는 함수 $F(x)$를 알고있다면, 그에 상수 C를 더해 $f(x)$의 일반적인 부정적분 함수를 표현할 수 있다.

[1] 적분기호 $\int$은 Sum의 머리글자를 기호화시킨 형태로써 **인테그럴**(integral) 또는 **적분**이라고 읽는다.

정리 5.1 함수 $F(x)$가 함수 $f(x)$의 한 부정적분이라 하면, 임의의 상수 C에 대하여 $F(x)+C$가 가장 일반적인 $f(x)$의 부정적분이다. 즉,

$$\int f(x)\,dx = F(x) + C$$

이다.

증명 함수 $G(x)$가 $f(x)$의 원시함수라고 가정하자. 그리고 주어진 $f(x)$의 부정적분 $F(x)$에 대하여

$$H(x) = G(x) - F(x)$$

라 놓으면,

$$H'(x) = G'(x) - F'(x) = f(x) - f(x) = 0$$

이므로 $H(x)$는 상수함수이다. 즉 적당한 상수 C에 대하여 $H(x) = C$이다. 따라서 $G(x) - F(x) = C$이므로 $G(x) = F(x) + C$이다. ■

여기서 함수 $f(x)$를 **피적분함수**(integrand), dx에서의 x를 **적분변수**(variable of integration), 그리고 C를 **적분상수**(constant of integration)라고 한다. 주어진 함수 $f(x)$로부터 그 부정적분 $\int f(x)\,dx$를 구하는 것을 '함수 $f(x)$를 적분한다(integrate)'라고 하고, 그 연산 방법을 **적분법**(integration)이라고 한다.

미분의 선형적인 성질로부터 다음 부정적분의 성질이 유도된다.

정리 5.2 **부정적분의 기본성질**

함수 $f(x), g(x)$의 부정적분이 존재할 때, 상수 α과 β에 대하여 다음이 성립한다.

$$\int \big(\alpha\, f(x) + \beta\, g(x)\big)\,dx = \alpha \int f(x)\,dx + \beta \int g(x)\,dx$$

증명 함수 $f(x), g(x)$의 부정적분을 각각 $F(x)$와 $G(x)$라 하면,

$$(\alpha F(x) + \beta G(x))' = \alpha F'(x) + \beta G'(x) = \alpha f(x) + \beta g(x)$$

이므로 $\alpha F(x) + \beta G(x)$가 $\alpha f(x) + \beta g(x)$의 부정적분이다. 따라서 임의의 상수 C_1, C_2와 $C = \alpha C_1 + \beta C_2$에 대하여

$$\begin{aligned}\alpha \int f(x)\,dx + \beta \int g(x)\,dx &= \alpha(F(x) + C_1) + \beta(G(x) + C_2)\\ &= \alpha F(x) + \beta G(x) + C\end{aligned}$$

$$= \int \big(\alpha\, f(x) + \beta\, g(x)\big)\, dx$$

가 성립한다. ▩

5.1.1 여러 가지 함수의 부정적분

도함수의 공식을 역으로 이용하여 다양한 함수의 부정적분을 구할 수 있다.

가) x^n 의 부정적분

다항함수의 미분공식을 이용하여 다항함수의 부정적분이 다음과 같이 주어진다.

정리 5.3 다항함수의 부정적분

$$\int x^n\, dx = \frac{x^{n+1}}{n+1} + C \quad (\text{단, } n \neq -1\text{인 실수})$$

증명 $n \neq -1$ 인 실수 n에 대하여

$$\left(\frac{1}{n+1} x^{n+1}\right)' = x^n$$

이 성립하므로 주어진 x^n $(n \neq -1)$의 부정적분의 공식을 얻는다. ▩

특별히 $n = 0$인 경우 $x^n = 1$ 이기 때문에, 상수의 부정적분 공식

$$\int 1\, dx = x + C$$

를 얻을 수 있다.

로그함수의 미분법을 이용하여 다음을 얻을 수 있다.

정리 5.4

(1) $\displaystyle\int \frac{1}{x}\, dx = \ln|x| + C$ (2) $\displaystyle\int \frac{f'(x)}{f(x)}\, dx = \ln|f(x)| + C$

증명 로그함수와 합성함수의 미분법에 의하여

$$(\ln|f(x)|)' = \frac{f'(x)}{f(x)}$$

가 성립하므로 주어진 부정적분의 공식을 얻는다. ▩

예제 5.5

다음 부정적분을 구하시오.

(1) $\int x^{\frac{4}{3}}+2\,dx$ (2) $\int \frac{4x+2}{x^2+x}\,dx$

(3) $\int \frac{(\sqrt{x}-1)^2}{x^2}\,dx$ (4) $\int \left(x+\frac{1}{x}\right)^2\,dx$

풀이 (1) 정리 5.3의 다항함수 적분공식을 활용하면, 구하는 부정적분은

$$\int x^{\frac{4}{3}}+2\,dx=\frac{1}{\frac{4}{3}+1}x^{\frac{4}{3}+1}+2x+C=\frac{3}{7}x^{\frac{7}{3}}+2x+C$$

이다.

(2) 정리 5.4의 공식 (2)를 활용하면, 구하는 부정적분은

$$\int \frac{4x+2}{x^2+x}\,dx=2\int \frac{2x+1}{x^2+x}\,dx=2\ln|x^2+x|+C$$

이다.

(3) 피적분함수를 전개하여 정리하고, 정리 5.4의 공식 (1)과 정리 5.3의 다항함수 적분공식을 활용하면, 구하는 부정적분은

$$\begin{aligned}\int \frac{(\sqrt{x}-1)^2}{x^2}\,dx&=\int \frac{x-2\sqrt{x}+1}{x^2}\,dx=\int\left(\frac{1}{x}-\frac{2}{x\sqrt{x}}+\frac{1}{x^2}\right)dx\\&=\int\frac{1}{x}\,dx-2\int x^{-\frac{3}{2}}\,dx+\int x^{-2}\,dx\\&=\ln|x|+4\frac{1}{\sqrt{x}}-\frac{1}{x}+C\end{aligned}$$

이다.

(4) 피적분함수를 전개하고, 정리 5.3의 다항함수 적분공식을 활용하면, 구하는 부정적분은

$$\begin{aligned}\int\left(x+\frac{1}{x}\right)^2dx&=\int\left(x^2+2+\frac{1}{x^2}\right)dx\\&=\int x^2\,dx+\int 2\,dx+\int\frac{1}{x^2}\,dx\\&=\frac{x^3}{3}+2x-\frac{1}{x}+C\end{aligned}$$

이다. ▪

예제 5.6

다음 부정적분을 구하시오.

(1) $\displaystyle\int \frac{x^2+x-1}{x^2-1}\,dx$ (2) $\displaystyle\int \frac{3x^6+x^4-6x^3+x^2-2x}{x^3-2}\,dx$

풀이 (1) 등식 $\dfrac{x^2+x-1}{x^2-1} = 1+\dfrac{1}{2}\cdot\dfrac{2x}{x^2-1}$ 이 성립하므로, 정리 5.4의 공식 (2)를 활용하면, 구하는 부정적분은

$$\int \frac{x^2+x-1}{x^2-1}\,dx = x+\frac{1}{2}\int\frac{(x^2-1)'}{x^2-1}\,dx$$
$$= x+\frac{1}{2}\ln|x^2-1|+C$$

이다.

(2) 등식 $\dfrac{3x^6+x^4-6x^3+x^2-2x}{x^3-2} = 3x^3+x+\dfrac{1}{3}\cdot\dfrac{3x^2}{x^3-2}$ 이 성립하므로, 정리 5.4의 공식 (2)를 활용하면, 구하는 부정적분은

$$\int \frac{3x^6+x^4-6x^3+x^2-2x}{x^3-2}\,dx = \frac{3}{4}x^4+\frac{1}{2}x^2+\frac{1}{3}\int\frac{(x^3-2)'}{x^3-2}\,dx$$
$$= \frac{3}{4}x^4+\frac{1}{2}x^2+\frac{1}{3}\ln|x^3-2|+C$$

이다. ■

나) 삼각함수의 부정적분

삼각함수의 미분법에 의해

$$(\cos x)' = -\sin x, \qquad (\sin x)' = \cos x$$
$$(\tan x)' = \sec^2 x, \qquad (\cot x)' = -\csc^2 x$$
$$(\sec x)' = \sec x\tan x, \qquad (\csc x)' = -\csc x\cot x$$

이다. 따라서 다음과 같은 삼각함수의 부정적분 공식을 얻는다.

정리 5.7 삼각함수의 부정적분

(1) $\displaystyle\int \cos x\ dx = \sin x + C$ (2) $\displaystyle\int \sin x\ dx = -\cos x + C$

(3) $\displaystyle\int \sec^2 x\ dx = \tan x + C$ (4) $\displaystyle\int \sec x\tan x\ dx = \sec x + C$

(5) $\displaystyle\int \csc x\cot x\ dx = -\csc x + C$ (6) $\displaystyle\int \csc^2 x\ dx = -\cot x + C$

피적분함수가 삼각함수인 경우 삼각함수의 반각 공식, 곱을 합 또는 차로 바꾸는 공식 등 삼각함수의 여러 가지 공식을 이용하여 함수를 적분하기 쉬운 형태로 변형한 다음 적분한다.

예제 5.8

부정적분 $\int \tan x \; dx$를 구하시오.

풀이 $\tan x = \sin x / \cos x$이고 $\cos x$의 미분이 $-\sin x$이므로 다음과 같은 등식을 얻을 수 있다.

$$\int \tan x \; dx = \int \frac{\sin x}{\cos x} \; dx = -\int \frac{(\cos x)'}{\cos x} \; dx$$

정리 5.4의 공식 (2)를 적용하면 위의 마지막 항이 $-\ln|\cos x| + C$와 같음을 알 수 있다. 따라서

$$\int \tan x \; dx = -\ln|\cos x| + C$$

가 된다. ■

예제 5.9

다음 부정적분을 구하시오.

(1) $\int (2\sin x - \cos x)\, dx$　　(2) $\int \sin^2 \frac{x}{2}\, dx$

(3) $\int \tan^2 x\, dx$　　(4) $\int \cos^2 x\, dx$

풀이 (1) 정리 5.13의 삼각함수의 부정적분을 활용하면, 구하는 부정적분은

$$\int (2\sin x - \cos x)\, dx = 2\int \sin x\, dx - \int \cos x\, dx = -2\cos x - \sin x + C$$

이다.

(2) 삼각함수의 반각 공식과 정리 5.13의 삼각함수의 부정적분을 활용하면, 구하는 부정적분은

$$\begin{aligned}\int \sin^2 \frac{x}{2}\, dx &= \int \frac{1-\cos x}{2}\, dx = \frac{1}{2}\int 1\, dx - \frac{1}{2}\int \cos x\, dx \\ &= \frac{1}{2}x - \frac{1}{2}\sin x + C\end{aligned}$$

이다.

(3) 정리 5.13의 삼각함수의 부정적분을 활용하면, 구하는 부정적분은

$$\int \tan^2 x\,dx = \int (\sec^2 x - 1)\,dx = \tan x - x + C$$

이다.

(4) 삼각함수의 반각 공식과 정리 5.13의 삼각함수의 부정적분을 활용하면, 구하는 부정적분은

$$\int \cos^2 x\,dx = \int \frac{1+\cos 2x}{2}\,dx = \frac{1}{2}x + \frac{1}{4}\sin 2x + C$$

이다. ■

예제 5.10

다음 부정적분을 구하시오.

(1) $\displaystyle\int \frac{1+\cos^2 x}{\cos^2 x}\,dx$ (2) $\displaystyle\int \frac{5}{2-2\cos^2 x}\,dx$

풀이 (1) 피적분함수를 정리하고 정리 5.13의 삼각함수의 부정적분을 활용하면, 구하는 부정적분은

$$\int \frac{1+\cos^2 x}{\cos^2 x}\,dx = \int (\sec^2 x + 1)\,dx = \tan x + x + C$$

이다.

(2) 피적분함수를 정리하고 정리 5.13의 삼각함수의 부정적분을 활용하면, 구하는 부정적분은

$$\int \frac{5}{2-2\cos^2 x}\,dx = \int \frac{5}{2\sin^2 x}\,dx = \frac{5}{2}\int \csc^2 x\,dx = -\frac{5}{2}\cot x + C$$

이다. ■

다) 지수함수의 부정적분

지수함수의 미분법에 의해

$$(e^x)' = e^x, \quad (a^x)' = a^x \ln a \quad (a > 0,\ a \neq 1)$$

이다. 따라서, 다음과 같은 지수함수의 부정적분 공식이 성립한다.

정리 5.11 지수함수의 부정적분

(1) $\displaystyle\int a^x\,dx = \frac{a^x}{\ln a} + C$ (단, $a > 0,\ a \neq 1$인 실수)

(2) $\int e^x \, dx = e^x + C$

예제 5.12

다음 부정적분을 구하시오.

(1) $\int e^{x+2} \, dx$　　　　(2) $\int 3^{2x-1} \, dx$

풀이 (1) 피적분함수를 정리하고 정리 5.11의 지수함수의 부정적분공식을 활용하면, 구하는 부정적분은

$$\begin{aligned}\int e^{x+2} \, dx &= \int e^x e^2 \, dx = e^2 \int e^x \, dx = e^2 e^x + C \\ &= e^{x+2} + C\end{aligned}$$

이다.

(2) (1)의 풀이와 마찬가지 방법으로 계산하면

$$\begin{aligned}\int 3^{2x-1} \, dx &= \int 9^x 3^{-1} \, dx = \frac{1}{3} \int 9^x \, dx \\ &= \frac{1}{3} \frac{9^x}{\ln 9} + C\end{aligned}$$

이다. ■

5.1.2 치환적분과 부분적분법

앞절에서 부정적분의 미분이 피적분함수라는 사실을 바탕으로 기본 미분공식을 활용하여 부정적분을 계산하는 방법을 학습하였다. 이 절에서는 미분법에서 배운 연쇄법칙의 역연산에 해당하는 **치환적분법**과 곱의 미분법의 역연산에 해당하는 **부분적분법**을 소개한다.

치환적분법(integration of substitution)은 피적분함수가

$$\int f(g(x))g'(x) \, dx$$

와 같이 합성함수와 그 합성된 함수의 도함수의 곱의 형태인 경우 $g(x)$를 새로운 변수 u로 치환하여 u에 대한 부정적분을 계산하여 결과를 얻는 방법이다. $u = g(x)$로 치환하면 $du = g'(x)dx$이기 때문에

$$\int f(g(x))g'(x) \, dx = \int f(u) \, du$$

가 되어 적분식이 보다 간단한 형태로 변환된다. u에 대한 부정적분 함수를 구한 후에는 $u = g(x)$를 이용하여 결과를 다시 x에 관한 함수로 표현해 주어야 한다.

정리 5.13 치환적분법

$f(u)$가 연속이고, $u = g(x)$가 미분가능하면

$$\int f(u)\,du = \int f\big(g(x)\big)g'(x)\,dx \tag{5.1}$$

가 성립한다.

증명 $F(u)$를 $f(u)$의 부정적분

$$F(u) = \int f(u)\,du \tag{5.2}$$

라고 하고, $u = g(x)$를 $F(u)$에 적용하면

$$F(u) = F\big(g(x)\big) \tag{5.3}$$

이다. 합성함수의 미분법을 적용하여 식 (5.3)의 양변을 x에 관하여 미분하면

$$\frac{d}{dx}F(u) = \frac{d}{dx}F\big(g(x)\big) = f\big(g(x)\big)g'(x) \tag{5.4}$$

를 얻는다. 다시 식 (5.4)의 양변을 x에 관하여 적분하면

$$F(u) = \int f\big(g(x)\big)g'(x)\,dx \tag{5.5}$$

임을 알 수 있다. 따라서 식 (5.2)와 (5.5)로부터

$$\int f(u)\,du = \int f\big(g(x)\big)g'(x)\,dx$$

가 성립한다. ■

예제 5.14

다음 부정적분을 구하시오.

(1) $\int 4x^3(x^4+3)^5\,dx$ (2) $\int \sin^3 x\cos x\,dx$ (3) $\int \frac{1}{x\ln x}\,dx$

풀이 (1) 정리 5.13의 치환적분법을 적용하기 위하여 $u = x^4+3$라 놓으면, $\frac{du}{dx} = 4x^3$, 즉 $du = 4x^3\,dx$이므로 구하는 부정적분은

$$\int 4x^3(x^4+3)^5\,dx = \int u^5 du = \frac{1}{6}u^6 + C$$

$$= \frac{1}{6}(x^4+3)^6 + C$$

이다.

(2) $u = \sin x$로 놓으면, $\dfrac{du}{dx} = \cos x$, 따라서 $du = \cos x\,dx$ 이므로 구하는 부정적분은

$$\int \sin^3 x \cos x\,dx = \int \sin^3 x(\sin x)'\,dx = \int u^3 du = \frac{1}{4}u^4 + C$$
$$= \frac{1}{4}\sin^4 x + C$$

이다.

(3) $u = \ln x$라고 놓으면 $du = 1/x\ dx$이다. 따라서 구하는 부정적분은

$$\int \frac{1}{x\ln x}\ dx = \int \frac{1}{u}\,du = \ln|u| + C = \ln|\ln x| + C$$

이다. ■

두 함수의 곱을 미분하는 경우 곱의 미분법에 의해

$$(f(x)g(x))' = f'(x)g(x) + f(x)g'(x)$$

이므로

$$f(x)g'(x) = (f(x)g(x))' - f'(x)g(x)$$

이다. 이 식의 양변을 적분하면

$$\int f(x)g'(x)\,dx = f(x)g(x) - \int f'(x)g(x)\,dx$$

이 된다. 위 관계식을 이용하여 적분하는 방법을 **부분적분법**(integration by parts)이라 한다.

부분적분법은 피적분함수가 두 함수의 곱으로 표현되고, 직접 부정적분을 구하기 어려운 경우에 사용한다.

정리 5.15 부분적분법

$f(x)$, $g(x)$가 미분가능한 함수이면

$$\int f(x)g'(x)\ dx = f(x)g(x)\ - \int f'(x)g(x)\ dx \qquad (5.6)$$

가 성립한다.

부분적분공식 (5.6)에서 $u = f(x)$, $v = g(x)$라고 놓으면 $du = f'(x)\,dx$이고 $dv = g'(x)\,dx$이므로 식 (5.6)은 간단히

$$\int u\,dv = uv - \int v\,du \tag{5.7}$$

와 같이 나타낼 수 있다. 이 때, $f(x)$는 미분하여 그 결과가 간단히 되는 것, $g'(x)$는 적분하기 쉬운 것을 택한다.

예제 5.16

다음 부정적분을 구하시오.

(1) $\int xe^x\,dx$ (2) $\int \ln x\,dx$ (3) $\int \sin^3 x\,dx$

풀이 (1) 정리 5.15의 부분적분법을 적용하기 위하여 $f(x) = x$, $g'(x) = e^x$라 놓으면, $f'(x) = 1$, $g(x) = e^x$ 이므로 구하는 부정적분은

$$\begin{aligned}\int xe^x\,dx &= xe^x - \int e^x\,dx \\ &= xe^x - e^x + C\end{aligned}$$

이다.

(2) 피적분함수 $\ln x$를 $\ln x \cdot 1$ 로 이해하여 $f(x) = \ln x$, $g'(x) = 1$라 놓으면, $f'(x) = \frac{1}{x}$, $g(x) = x$ 이므로 구하는 부정적분은

$$\begin{aligned}\int \ln x\,dx &= \ln x \cdot x - \int \frac{1}{x} \cdot x\,dx \\ &= x\ln x - \int 1\,dx \\ &= x\ln x - x + C\end{aligned}$$

이다.

(3) $f(x) = \sin^2 x$, $g'(x) = \sin x$라 놓으면, $f'(x) = 2\sin x\cos x$, $g(x) = -\cos x$ 이므로

$$\begin{aligned}\int \sin^3 x\,dx &= \int \sin^2 x\sin x\,dx \\ &= -\sin^2 x\cos x + \int 2\sin x\cos^2 x\,dx \\ &= -\sin^2 x\cos x + 2\int \sin x(1 - \sin^2 x)\,dx \\ &= -\sin^2 x\cos x + 2\int \sin x\,dx - 2\int \sin^3 x\,dx\end{aligned}$$

이다. 위 식을 구하고자하는 $\int \sin^3 x\, dx$에 대해서 풀면

$$\int \sin^3 x\, dx = \frac{1}{3}(-\sin^2 x \cos x - 2\cos x) + C$$

이다. ■

피적분함수가 복잡한 경우 부분적분법을 여러번 적용하여 부정적분을 구한다.

예제 5.17

부정적분

$$\int x^2 \sin 2x\, dx$$

를 구하시오.

풀이 정리 5.15의 부분적분법을 적용하기 위하여 $f(x) = x^2$, $g'(x) = \sin 2x$이라고 놓으면 $f'(x) = 2x$, $g(x) = -\frac{1}{2}\cos 2x$이다. 따라서

$$\int x^2 \sin 2x\, dx = -\frac{1}{2}x^2 \cos 2x + \int x \cos 2x\, dx \tag{5.8}$$

이다. 다시 식 (5.8)의 우변에 있는 적분에 대하여 부분적분법을 한번 더 적용한다. 이를 위해, $f(x) = x$, $g'(x) = \cos 2x$이라고 놓으면 $f'(x) = 1$, $g(x) = \frac{1}{2}\sin 2x$이다. 따라서

$$\int x \cos 2x\, dx = \frac{1}{2}x \sin 2x - \int \frac{1}{2}\sin 2x\, dx = \frac{1}{2}x \sin 2x + \frac{1}{4}\cos 2x + C \tag{5.9}$$

이다. 그러므로 구하는 부정적분은 식 (5.8)과 식 (5.9)에 의하여,

$$\int x^2 \sin 2x\, dx = -\frac{1}{2}x^2 \cos 2x + \frac{1}{2}x \sin 2x + \frac{1}{4}\cos 2x + C$$

이다. ■

예제 5.18

부정적분

$$\int e^x \cos x\, dx$$

를 구하시오.

풀이 $f(x) = \cos x$, $g'(x) = e^x$ 라고 놓으면 $f'(x) = -\sin x$, $g(x) = e^x$ 이다. 따라서 정리 5.15의 부분적분법을 적용하면

$$\int e^x \cos x\, dx = e^x \cos x + \int e^x \sin x\, dx \tag{5.10}$$

이다. 식 (5.10)의 우변의 적분 $\int e^x \sin x\, dx$ 를 계산하기 위하여 $f(x) = \sin x$, $g'(x) = e^x$ 라고 두고 부분적분법을 적용하면

$$\int e^x \sin x\, dx = e^x \sin x - \int e^x \cos x\, dx \tag{5.11}$$

이다. 식 (5.11)을 식(5.10)의 우변에 대입하면

$$\int e^x \cos x\, dx = e^x \cos x + e^x \sin x - \int e^x \cos x\, dx$$

이다. 위의 식의 우변의 적분을 좌변으로 옮겨 정리하면

$$\int e^x \cos x\, dx = \frac{e^x}{2}(\cos x + \sin x) + C$$

를 얻는다. ■

5.1.3 유리함수의 부정적분

예제 5.6에서의 피적분 함수들과 같이 x에 관한 다항식 $p(x)$, $q(x)$에 대하여 $\frac{p(x)}{q(x)}$ 를 유리함수라고 한다. 이 절에서는 피적분함수가 유리함수인 경우의 부정적분

$$\int \frac{p(x)}{q(x)}\, dx$$

를 부분분수분해법을 이용해 구하는 방법에 대하여 알아보기로 한다.

예를 들어, 유리함수 $\frac{x+5}{x^2+x-2}$ 는

$$\frac{2}{x-1} - \frac{1}{x+2} = \frac{2(x+2)-(x-1)}{(x-1)(x+2)} = \frac{x+5}{x^2+x-2}$$

에 의해

$$\begin{aligned}\int \frac{x+5}{x^2+x-2}\, dx &= \int \left(\frac{2}{x-1} - \frac{1}{x+2}\right) dx \\ &= 2\ln|x-1| - \ln|x+2| + C\end{aligned}$$

와 같이 쉽게 부정적분을 구할 수 있다. 이때 유리함수 $\frac{x+5}{x^2+x-2}$ 를 $\frac{2}{x-1} - \frac{1}{x+1}$ 의 형태로 표현하는 것을 **부분분수분해**(partial fraction decomposition)라고 부른다.

참고로, 유리함수 $p(x)/q(x)$ 에서 분자인 $p(x)$ 의 차수가 분모인 $q(x)$ 의 차수보다 크거나 같은 경우에 분자인 $p(x)$ 를 분모인 $q(x)$ 로 나눈 몫을 $f(x)$ 라 하고, 나머지를 $r(x)$ 라고 하면

$$\frac{p(x)}{q(x)} = f(x) + \frac{r(x)}{q(x)}$$

와 같이 나타낼 수 있다. 이 때, 몫 $f(x)$ 는 x 에 관한 다항식이기 때문에 쉽게 적분할 수 있다. 따라서 유리함수의 부정적분을 구하기 위해서는 분자의 차수가 분모의 차수보다 낮은 경우만을 생각하면 된다.

유리함수 $r(x)/q(x)$ 의 부분분수표현을 얻기 위해서는 먼저 분모 $q(x)$ 를 일차 인수와 이차 인수의 거듭제곱의 곱의 형태로 인수분해한다. 예를 들어, 분수함수 $\frac{2}{x^2-1}$ 의 경우 분모는 $(x-1)(x+1)$ 의 형태로 인수분해되어 일차인수 두 개의 곱으로 표현된다. 이 때 주어진 분수함수의 부분분수표현은 각 일차인수를 분모로 가지는 분수식의 합의 형태가 된다. 즉,

$$\frac{2}{(x-1)(x+1)} = \frac{A}{x-1} + \frac{B}{x+1}$$

이 때, **미정계수법**에 의하여 $A = 1$, $B = -1$ 이다. 실제로

$$\frac{A}{x-1} + \frac{B}{x+1} = \frac{(A+B)x + A - B}{(x-1)(x+1)} = \frac{2}{(x-1)(x+1)}$$

가 성립해야 함으로 $A + B = 0$ 이고 $A - B = 2$ 이다. 그러므로 $A = 1$, $B = -1$ 이고

$$\frac{2}{(x-1)(x+1)} = \frac{1}{x-1} + \frac{-1}{x+1}$$

이다. 부분분수표현을 이용하면 부정적분을 쉽게 구할 수 있다. 즉,

$$\begin{aligned}\int \frac{2}{(x-1)(x+1)}\,dx &= \int \left(\frac{1}{x-1} - \frac{1}{x+1}\right) dx \\ &= \ln|x-1| - \ln|x+1| + C = \ln\left|\frac{x-1}{x+1}\right| + C\end{aligned}$$

이다.

예제 5.19

다음 부정적분을 구하시오.

(1) $\displaystyle\int \frac{x+3}{2x^2-3x-2}\,dx$ (2) $\displaystyle\int \frac{x+4}{x^2-x-2}\,dx$ (3) $\displaystyle\int \frac{x^2}{x+1}\,dx$

풀이 (1) 피적분함수를 부분분수로 분해하기 위하여 피적분함수의 분모를 인수분해하고

$$\frac{x+3}{2x^2-3x-2} = \frac{x+3}{(x-2)(2x+1)} = \frac{A}{x-2} + \frac{B}{2x+1}$$

로 놓으면

$$\frac{x+3}{2x^2-3x-2} = \frac{(2A+B)x+A-2B}{(x-2)(2x+1)}$$

가 성립해야 함으로 $2A+B=1$, $A-2B=3$이고 $A=1$, $B=-1$이다. 따라서, 구하는 부분적분은

$$\int \frac{x+3}{2x^2-3x-2}\,dx = \int \left(\frac{1}{x-2} - \frac{1}{2x+1}\right) dx = \ln|x-2| - \frac{1}{2}\ln|2x+1| + C = \frac{1}{2}\ln\frac{(x-2)^2}{|2x+1|} + C$$

이다.

(2) 피적분함수를 부분분수로 분해하여 부정적분을 구하면

$$\int \frac{x+4}{x^2-x-2}\,dx = \int \left(\frac{2}{x-2} - \frac{1}{x+1}\right) dx = 2\ln|x-2| - \ln|x+1| + C = \ln\frac{(x-2)^2}{|x+1|} + C$$

가 된다.

(3) 피적분함수를 간단히 하여 부정적분을 구하면

$$\int \frac{x^2}{x+1}\,dx = \int \left(x-1+\frac{1}{x+1}\right) dx = \frac{x^2}{2} - x + \ln|x+1| + C$$

이다. ■

5.1 연습문제

1. 다음 부정적분을 구하시오.

(1) $\int x^3\sqrt{x}\,dx$　　(2) $\int 2^x(2^x-1)\,dx$

(3) $\int \dfrac{8^x-1}{2^x-1}\,dx$　　(4) $\int \left(e^{x+1}+10^x\right)\,dx$

2. 다음 부정적분을 구하시오.

(1) $\int e^x\sqrt{1-e^x}\,dx\,dx$　　(2) $\int e^{\cos x}\sin x\,dx$

(3) $\int 2x\sqrt{x^2+1}\,dx$　　(4) $\int (e^x+1)^2 e^x\,dx$

3. 함수 $f(x)$가 $\dfrac{f'(x)}{f(x)}=\cos x$, $f(0)=1$을 만족할 때, $f(\pi)$의 값을 구하시오.

4. 다음 부정적분을 구하시오.

(1) $\int \sin 5x\cos 3x\,dx$　　(2) $\int \sin 3x\sin x\,dx$

(3) $\int \cos 2x\cos 3x\,dx$

[힌트] 삼각함수의 곱을 합 또는 차로 바꾸는 공식을 이용하여 구하시오.

5. 다음 부정적분을 구하시오.

(1) $\int x^2\cos x\,dx$　　(2) $\int (\ln x)^2\,dx$

(3) $\int xe^{-x}\,dx$　　(4) $\int e^x\sin 2x\,dx$

6. 다음 부정적분을 구하시오.

(1) $\int \dfrac{(x+1)^2}{x^3+3x^2+x-1}\,dx$　　(2) $\int \dfrac{x^3-x^2+3x-1}{x^2-x+1}\,dx$

(3) $\int \dfrac{2}{(x+2)(x+4)}\,dx$

5.2 정적분

5.2.1 정적분의 정의

정적분의 개념을 이해하기 위하여 먼저 면적의 개념을 정의하기로 한다. 함수 $y = f(x)$가 폐구간 $[a, b]$에서 연속이고 함숫값이 양수일 때, 구간 $[a, b]$에서 $y = f(x)$ 그래프 아래 영역의 넓이를 계산해보자(그림 5.1 참고).

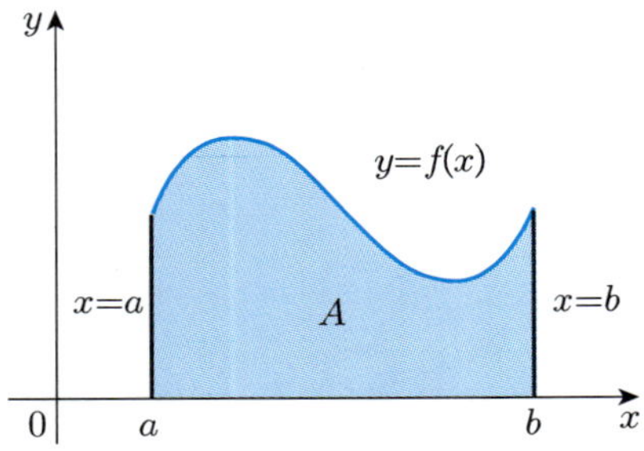

그림 5.1

직사각형이나 삼각형의 면적과 달리 일반적인 곡선으로 둘러싸인 영역의 면적을 정확하게 구하는 문제는 그리 간단하지 않다. 면적을 구하는 한 가지 방법으로 먼저 영역을 직사각형 모양으로 나누어 근사시킨 후 이 직사각형의 수를 증가시켜 직사각형의 넓이의 합이 영역의 넓이에 수렴하도록 한다.

예를 들어, $[0, 1]$에서 정의된 함수 $f(x) = x^2$과 직선 $x = 1$ 및 x축으로 둘러싸인 영역의 면적 S을 구해 보자. 폐구간 $[0, 1]$을 n등분해서 그림 5.2와 같이 직사각형 모양으로 그래프 아래 영역을 근사하고 그 넓이의 합을 각각 L_n, U_n이라 하면 $L_n \le S \le U_n$이 성립한다.

$[0, 1]$을 n등분하면 각 구간의 크기가 $\frac{1}{n}$ 이다. 그러면 점 $\frac{1}{n}, \frac{2}{n} \cdots, \frac{n}{n}$에 대해서 이에 대응하는 함숫값 $(\frac{1}{n})^2, (\frac{2}{n})^2, \cdots (\frac{n}{n})^2$은 각 구간에 해당하는 직사각형의 높이가 된다. 따라서

$$
\begin{aligned}
U_n &= \frac{1}{n}\left(\frac{1}{n}\right)^2 + \frac{1}{n}\left(\frac{2}{n}\right)^2 + \cdots + \frac{1}{n}\left(\frac{n}{n}\right)^2 \\
&= \frac{1}{n^3}(1^2 + 2^2 + \cdots + n^2) \\
&= \frac{1}{n^3}\frac{n(n+1)(2n+1)}{6}
\end{aligned}
$$

이다. 그러므로, n이 무한히 커지는 경우 극한값을 구하면

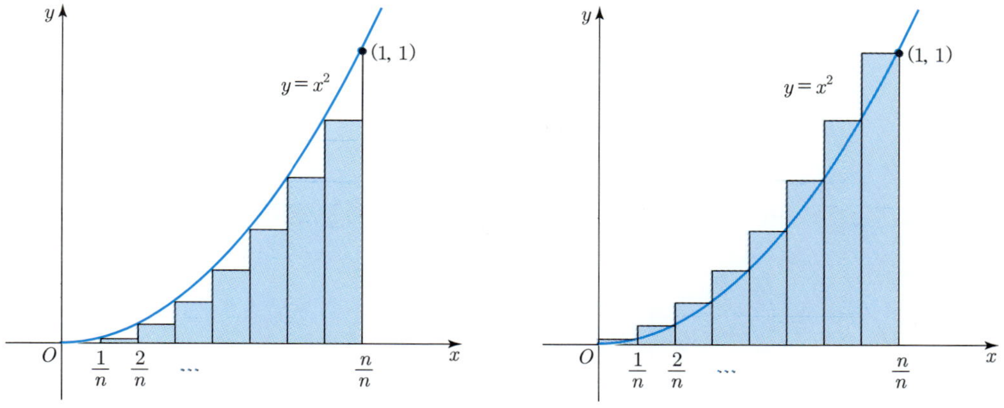

그림 5.2 L_n, U_n의 그림

$$\lim_{n\to\infty} U_n = \lim_{n\to\infty} \frac{1}{6}\left(1+\frac{1}{n}\right)\left(2+\frac{1}{n}\right) = \frac{1}{3}$$

이다. 같은 방법으로 $\lim_{n\to\infty} L_n = \frac{1}{3}$임을 쉽게 얻을 수 있다. 따라서, 조임정리에 의해 $S = 1/3$이다. 그림에서 확인할 수 있듯이, n이 커질수록 L_n, U_n의 값이 S의 값에 더 가까운 근삿값이 되기 때문에, $n \to \infty$일 때 극한값으로 S의 값을 구하는 것이 합리적이다.

이와 같이 일반적인 구간 $[a, b]$에서 연속인 양함수 $y = f(x)$와 x축, $x = a$ 과 $x = b$로 둘러싸인 영역의 넓이는 $[a, b]$를 n개의 구간으로 분할하고, 이에 대응하는 직사각형의 넓이의 합을 구하여 이에 대한 극한으로 면적을 정의한다.

이제 이와 같은 개념을 일반화한 일반적인 함수에 대한 정적분에 대해 알아 보자.

함수 f가 폐구간 $[a, b]$에서 정의되었다고 하자. 구간 $[a, b]$의 양 끝점 a, b, 그리고 이들 사이에 있는 임의의 $n-1$개의 점 $x_1, x_2, \ldots, x_{n-1}$을

$$a = x_0 < x_1 < x_2 < \cdots < x_{n-1} < x_n = b \tag{5.12}$$

가 되도록 선택하면, $n+1$개의 점 $x_0, x_1, x_2, \ldots, x_{n-1}, x_n$는 폐구간 $[a, b]$를 n개의 소구간 $[x_0, x_1], [x_1, x_2], \ldots, [x_{n-1}, x_n]$으로 나눈다. 이때 이러한 점들의 집합

$$P = \{x_0, x_1, \ldots, x_n\} \tag{5.13}$$

을 구간 $[a, b]$의 **분할**(partition)이라고 한다. 특히 구간 $[a, b]$를 같은 크기의 n개로 나누었을 때의 분할 P를 **정칙분할**(regular partition) 또는 **등분할**이라고 한다. 각 소구간 $[x_{i-1}, x_i]$의 길이를

$$\Delta x_i = x_i - x_{i-1} \tag{5.14}$$

로 나타내고, Δx_1, Δx_2, $\ldots$, Δx_n 중에서 가장 큰 값을 분할 P의 **노름**(norm)이라 하고 $\|P\|$와 같이 나타낸다. 즉,

$$\|P\| = \max_{1 \le i \le n} \Delta x_i \tag{5.15}$$

이다. 분할 P가 구간 $[a, b]$를 n개로 나눈 등분할인 경우에는 $\|P\| = (b-a)/n$이다.

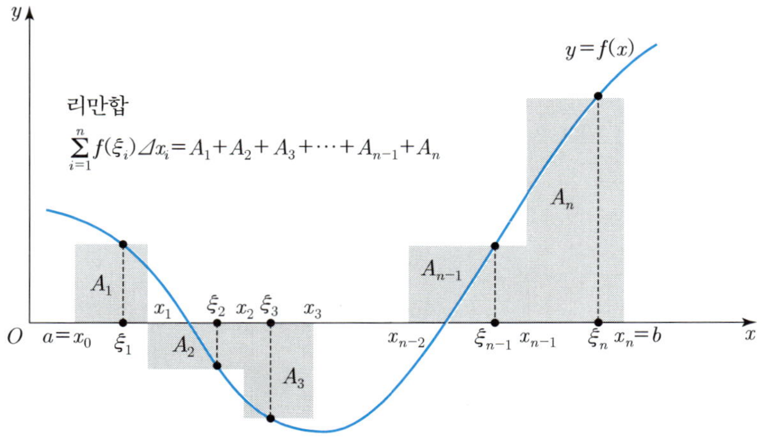

그림 5.3 리만합

분할 P의 각 소구간 $[x_{i-1}, x_i]$에서 임의의 점 ξ_i를 택하여 그 점에서의 함숫값을 직사각형의 높이로 하여 직사각형의 넓이를 합한

$$\sum_{i=1}^{n} f(\xi_i)\Delta x_i \tag{5.16}$$

를 함수 f의 분할 P에 대한 **리만합**(Riemann sum)이라 한다(그림 5.3 참조). 참고로 식 (5.16)에서 정의된 리만합은 주어진 함수 f에 대하여 구간 $[a, b]$의 분할 방법 및 각 소구간에서의 점 ξ_i 들의 선택 방법에 따라 달라질 수 있지만, $n \to \infty$일 때의 극한값은 달라지지 않는다. 따라서 이 리만합이 수렴하는 경우 그 극한값으로 정적분을 정의한다.

정의 5.20 폐구간 $[a, b]$에서 정의된 함수 f에 대하여, 리만합 (5.16)에서 $\|P\|$가 0에 가까이 갈 때 극한

$$\lim_{\|P\| \to 0} \sum_{i=1}^{n} f(\xi_i)\Delta x_i \tag{5.17}$$

가 존재하면, 함수 f는 구간 $[a, b]$에서 '**리만적분가능**(Riemann integrable) 또는 간단히 **적분가능**(integrable)하다'라고 한다. 이 때 그 극한값을 f의 구간 $[a, b]$

에서 **정적분**(definite integral) 또는 **리만적분**(Riemann integral)이라 하며 다음과 같이 나타낸다.

$$\int_a^b f(x)\,dx \tag{5.18}$$

참고 5.21

1. 정의 5.20에서 주어진 함수 f가 $[a,\,b]$에서 적분가능하다는 의미는, $[a,\,b]$의 임의의 분할 P에 대하여 P의 각 소구간 $[x_{i-1},\,x_i]$에서 점 ξ_i를 어떻게 선택하든 $\|P\| \to 0$ 일 때 리만합은 항상 일정한 값에 수렴함을 의미한다. 식 (5.17)의 극한값이 존재한다는 엄밀한 수학적 의미는, 적당한 실수 A가 존재하여

   "임의의 $\epsilon > 0$에 대하여 이에 대응하는 적당한 $\delta > 0$ 가 존재하여 $\|P\| < \delta$ 인 분할 $P = \{x_0,\, x_1,\, \ldots,\, x_n\}$ 에서 임의의 점 $\xi_i \in [x_{i-1},\, x_i]\,(1 \le i \le n)$에 대하여

   $$\left| \sum_{i=1}^{n} f(\xi_i)\Delta x_i - A \right| < \epsilon \tag{5.19}$$

   이다."

   를 의미한다. 정의 5.20로 부터 만약 f가 적분가능하다면 노름이 0으로 가는 특정한 분할을 선택하여 그 분할에 대해서 계산한 리만합의 극한값이 f의 리만적분이 됨을 알 수 있다.

2. 정적분 $\displaystyle\int_a^b f(x)\,dx$의 값은 단지 함수 f와 $a,\,b$에만 의존하고 적분변수와는 무관하다.

정적분 $\int_a^b f(x)\,dx$를 정의할 때 $a < b$인 경우로 제한했다. 그러나 $a \ge b$인 경우에도 (5.16)의 리만합이 잘 정의되므로 정적분의 정의를 다음과 같이 확장할 수 있다.

정의 5.22 함수 f가 구간 $[a,\,b]$에서 적분가능할 때, 다음과 같이 정의한다.

(1) $\displaystyle\int_a^a f(x)\,dx = 0$ (2) $\displaystyle\int_b^a f(x)\,dx = -\int_a^b f(x)\,dx$

함수의 적분 가능성은 함수의 성질에 의존하지만, 함수가 폐구간에서 연속인 경우에 항상 정적분이 존재한다는 사실이 다음의 정리 5.23로부터 알려져 있다. 증명은 이 책의 범위를 벗어나므로 생략한다.

정리 5.23 폐구간 $[a, b]$에서 정의된 함수 f가 연속이면 f는 폐구간 $[a, b]$에서 적분가능하다.

함수 f가 구간 $[a, b]$에서 연속인 경우 정의 5.20의 관점에서 $[a, b]$의 등분할을 이용하여 정적분 $\int_a^b f(x)\, dx$를 구하는 과정을 살펴보자. 구간 $[a, b]$의 등분할을 $P = \{a = x_0, x_1, \ldots, x_n = b\}$라고 하자. 그러면 각각의 $i = 1, 2, \ldots, n$에 대하여

$$\Delta x_i = x_i - x_{i-1} = \frac{b-a}{n}, \quad x_i = a + i\Delta x_i = a + \frac{(b-a)}{n} i$$

이다. $\lim_{n\to\infty} \frac{b-a}{n} = 0$ 이므로 $\|P\|$가 0 이다. 각각의 소구간 $[x_{i-1}, x_i]$에서 $\xi_i = x_i$로 택하면 함수 f의 등분할 P와 ξ_i에 의한 리만합은

$$\sum_{i=1}^{n} f(\xi_i)\, \Delta x_i = \sum_{i=1}^{n} f\left(a + \frac{b-a}{n} i\right) \frac{b-a}{n}$$

이다. 따라서 구하는 정적분은

$$\int_a^b f(x)\, dx = \lim_{n\to\infty} \sum_{i=1}^{n} f\left(a + \frac{(b-a)}{n} i\right) \frac{b-a}{n} \tag{5.20}$$

이다.

예제 5.24

등분할을 이용하여 정적분

$$\int_0^1 x^3\, dx$$

를 구하시오.

풀이 식 (5.20)을 적용하기 위해 $f(x) = x^2$, $a = 0$, $b = 1$이라고 두면,

$$\begin{aligned}
\int_0^1 x^2\, dx &= \lim_{n\to\infty} \sum_{i=1}^{n} f\left(\frac{i}{n}\right) \frac{1}{n} = \lim_{n\to\infty} \sum_{i=1}^{n} \left(\frac{i}{n}\right)^3 \frac{1}{n} \\
&= \lim_{n\to\infty} \sum_{i=1}^{n} \left(\frac{i^3}{n^4}\right) = \lim_{n\to\infty} \frac{1}{n^4} \sum\nolimits_{i=1}^{n} i^3 \\
&= \lim_{n\to\infty} \frac{1}{n^4} \left(\frac{n(n+1)}{2}\right)^2 = \frac{1}{4}
\end{aligned}$$

이다. ▪

예제 5.25

다음 극한을 정적분으로 표시하시오.

$$\lim_{n\to\infty}\frac{1}{n}\left(\sqrt{\frac{1}{n}}+\sqrt{\frac{2}{n}}+\cdots+\sqrt{\frac{n}{n}}\right)$$

풀이 식 (5.20)을 이용하여 주어진 극한값을 표현하면

$$\lim_{n\to\infty}\frac{1}{n}\left(\sqrt{\frac{1}{n}}+\sqrt{\frac{2}{n}}+\cdots+\sqrt{\frac{n}{n}}\right)=\lim_{n\to\infty}\sum_{i=1}^{n}\sqrt{\frac{i}{n}}\cdot\frac{1}{n}=\int_0^1\sqrt{x}\,dx$$

이다. ▪

정적분에 대하여 다음 선형적 성질이 성립한다.

정리 5.26 함수 f, g가 구간 $[a, b]$에서 적분가능하면, 임의의 상수 α, β에 대하여 $\alpha f+\beta g$가 구간 $[a, b]$에서 적분가능이고

$$\int_a^b\big(\alpha f(x)+\beta g(x)\big)\,dx=\alpha\int_a^b f(x)\,dx+\beta\int_a^b g(x)\,dx$$

가 성립한다.

정리 5.26로부터 함수 f, g가 구간 $[a, b]$에서 적분가능하면, kf(k는 상수), $f\pm g$도 적분가능하고, 다음의 성질들이 성립함을 알 수 있다.

(1) $\displaystyle\int_a^b kf(x)\,dx=k\int_a^b f(x)\,dx$

(2) $\displaystyle\int_a^b\big(f(x)\pm g(x)\big)\,dx=\int_a^b f(x)\,dx\pm\int_a^b g(x)\,dx$

정리 5.27 함수 f, g가 구간 $[a, b]$에서 적분가능하고, 모든 $x\in[a, b]$에 대하여

(1) $f(x)\ge 0$이면, $\displaystyle\int_a^b f(x)\,dx\ge 0$이다.

(2) $f(x)\ge g(x)$이면, $\displaystyle\int_a^b f(x)\,dx\ge\int_a^b g(x)\,dx$이다.

(3) $m\le f(x)\le M$ 이면, $\displaystyle m(b-a)\le\int_a^b f(x)\,dx\le M(b-a)$이다.

증명 (1) 정적분의 정의 5.20으로부터, $f(x) \geq 0$이면

$$\int_a^b f(x)\,dx \geq 0$$

임은 분명하다.

(2) $f(x) \geq g(x)$이므로 $f(x) - g(x) \geq 0$이다. 따라서 (1)의 결과와 정리 5.26에 의해

$$\int_a^b f(x)\,dx - \int_a^b g(x)\,dx = \int_a^b \big(f(x) - g(x)\big)\,dx \geq 0$$

이 성립한다. 따라서 다음을 얻는다.

$$\int_a^b f(x)\,dx \geq \int_a^b g(x)\,dx$$

(3) $m \leq f(x) \leq M$ 이므로, (2)에 의해

$$\int_a^b m\,dx \leq \int_a^b f(x)\,dx \leq \int_a^b M\,dx$$

가 성립한다. 정적분의 정의에 의해 상수함수의 정적분 값은 함숫값과 적분 구간의 길이의 곱이 됨을 쉽게 알 수 있다. 따라서

$$\int_a^b m\,dx = m(b-a), \qquad \int_a^b M\,dx = M(b-a)$$

이므로, (3)의 부등식이 성립한다. ■

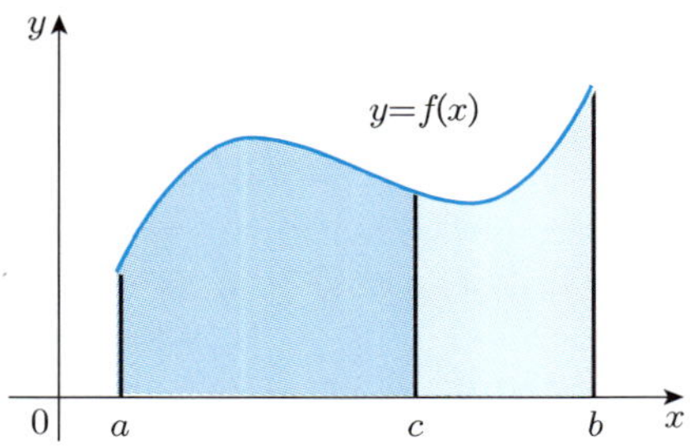

그림 5.4

그림 5.4와 같이 $f(x) \geq 0$ 인 경우 구간 $[a, b]$에서 $y = f(x)$ 그래프 아래 영역의 넓이는 구간 $[a, c]$ 에서의 넓이와 구간 $[c, b]$ 의 영역의 넓이의 합으로 구성된다. 이 사실은 일반적인 함수에 대해서도 적용되는데, 다음과 같이 정리할 수 있다.

정리 5.28 함수 f가 구간 $[a, b]$에서 적분가능하면, $a < c < b$에 대하여

$$\int_a^b f(x)\,dx = \int_a^c f(x)\,dx + \int_c^b f(x)\,dx$$

가 성립한다.

엄밀한 증명은 정의 5.20의 리만합 식을 이용해야 하므로 생략하고 이후에 예제 5.35을 통해 예시로 살펴보자.

유한개의 수 $x_1, x_2, \cdots, x_n$의 **평균값**(average value)은

$$\frac{x_1 + x_2 + \cdots + x_n}{n} = \frac{1}{n}\sum_{i=1}^{n} x_i$$

로 주어지는데, 정적분을 이용해 연속함수 $y = f(x)\,(a \le x \le b)$의 평균값도 생각할 수 있다. 구간 $[a, b]$를 n-등분하면 각 소구간의 길이는 $h = \dfrac{b-a}{n}$이다. 각 소구간 $[x_{i-1}, x_i]$, $(i = 1, 2, \cdots, n)$에서 ξ_i를 선택하면, $f(\xi_1), f(\xi_2), \cdots, f(\xi_n)$의 평균값은

$$\frac{1}{n}\sum_{i=1}^{n} f(\xi_i)$$

이다. 여기서 $h = \dfrac{b-a}{n}$이므로 $\dfrac{1}{n} = \dfrac{h}{b-a}$이고,

$$\frac{1}{n}\sum_{i=1}^{n} f(\xi_i) = \frac{h}{b-a}\sum_{i=1}^{n} f(\xi_i) = \frac{1}{b-a}\sum_{i=1}^{n} f(\xi_i)h$$

가 된다. n을 증가시키면 좁은 간격으로 분포되어 있는 점에서의 함숫값들의 평균값을 계산할 수 있다. 정적분의 정의에 의하여 극한값은

$$\lim_{n\to\infty}\frac{1}{b-a}\sum_{i=1}^{n} f(\xi_i)h = \frac{1}{b-a}\int_a^b f(x)dx$$

로 표현된다. 따라서 구간 $[a, b]$에서 함수 f의 **평균값** f_{ave}를

$$f_{\text{ave}} = \frac{1}{b-a}\int_a^b f(x)dx$$

라 정의한다.

예제 5.29

구간 $[0,2]$에서 함수 $f(x) = 1 + x^3$의 평균값을 구하면 다음과 같다.

$$f_{\text{ave}} = \frac{1}{2-0}\int_0^2 (1+x^3)dx = \frac{7}{8}$$

우리는 이미 미분에 관한 평균값의 정리를 학습하였다. 정적분에서도 이와 유사한 다음 정리가 있다.

정리 5.30 적분에 관한 평균값의 정리 (mean value theorem)

함수 f가 $[a,\ b]$에서 연속이면

$$\int_a^b f(x)\,dx = f(c)(b-a) \tag{5.21}$$

을 만족하는 $c \in [a,\ b]$가 존재한다.

증명 함수 f가 폐구간 $[a,\ b]$에서 연속이므로, 연속함수에 관한 최대최소정리에 의해 임의의 $x \in [a,\ b]$에 대하여

$$m \le f(x) \le M$$

을 만족하는 실수 $m,\ M$이 존재한다. 따라서 정리 5.27 (3)에 의해

$$m(b-a) \le \int_a^b f(x)\,dx \le M(b-a)$$

이다. 즉,

$$m \le \frac{1}{b-a}\int_a^b f(x)\,dx \le M$$

이다. 한편 f가 $[a,\ b]$에서 연속이므로 중간값의 정리에 의해

$$\frac{1}{b-a}\int_a^b f(x)\,dx = f(c)$$

를 만족하는 $c \in [a,\ b]$가 존재한다. 즉,

$$\int_a^b f(x)\,dx = f(c)(b-a)$$

인 $c \in [a,\ b]$가 존재한다. ■

함수 f가 폐구간 $[a,b]$에서 연속이고 $f(x) \geq 0$일 때, 적분에 관한 평균값 정리의 기하학적 의미는 직사각형의 면적 $f(c)(b-a)$가 f의 그래프, x축, 직선 $x=a$, $x=b$로 둘러싸인 도형의 면적과 같아지는 점 c가 a와 b사이에 존재함을 의미한다. 여기서 $f(c)$가 폐구간 $[a,b]$에서 함수 f의 평균값이다.

5.2.2 미적분학의 기본정리

이 절에서는 미적분학의 중요한 두 개의 축을 이루는 미분과 적분을 연결시키는 **미적분학의 기본정리** (The Fundamental Theorem of Calculus)를 소개한다. 5.1장에서 함수의 부정적분을 소개하면서 설명한 바 있듯이 미분과 적분은 역연산의 관계에 있다. 미적분학의 기본정리는 미분과 적분이 이루는 역의 관계를 정확히 설명한다.

함수 f가 폐구간 $[a, b]$에서 적분가능하면, 임의의 점 $x \in [a, b]$에 대하여 함수 f는 구간 $[a, x]$에서도 적분가능하므로 정적분

$$\int_a^x f(t)\,dt$$

가 존재한다. 따라서 임의의 점 $x \in [a, b]$에 대하여 함수 $F(x)$를

$$F(x) = \int_a^x f(t)\,dt$$

로 정의하면 F는 $[a, b]$를 정의역으로 하는 함수가 된다. 이러한 함수 F에 대하여 미적분학의 첫번째 기본정리라고 알려진 다음 정리가 성립한다.

정리 5.31 미적분학의 기본정리 1

함수 f가 $[a, b]$에서 연속이면, 함수

$$F(x) = \int_a^x f(t)\,dt \quad (a \leq x \leq b) \tag{5.22}$$

는 $[a, b]$에서 미분가능하고 $F'(x) = f(x)$이다. 즉, 함수 F는 f의 부정적분이다.

예제 5.32

함수 $F(x) = \int_1^x \sin^2\sqrt{t}\,dt$의 도함수를 구하시오.

풀이 함수 $f(t) = \sin^2\sqrt{t}$는 음이 아닌 실수 전체의 집합에서 연속이므로, 정리 5.31에 의해 음이 아닌 모든 실수 x에 대하여

$$F'(x) = \sin^2\sqrt{x}$$

이다. ■

예제 5.33

함수 $\int_x^{x^3} e^{t^2}\sin t\,dt$ 의 도함수를 구하시오.

풀이 $F(x)=\int_0^x e^{t^2}\sin t\,dt$ 라 하면, 미적분학의 기본정리에 의해 $F'(x)=e^{x^2}\sin x$ 이다. $\int_x^{x^3} e^{t^2}\sin t\,dt = F(x^3)-F(x)$ 이므로, 합성함수 미분법을 적용하면,

$$\frac{d}{dx}\int_x^{x^3} e^{t^2}\sin t \;= F'(x^3)\cdot 3x^2 - F'(x) = 3x^2e^{x^6}\sin(x^3) - e^{x^2}\sin x$$

이다. ■

정리 5.34 미적분학의 기본정리 2

함수 f가 폐구간 $[a,b]$에서 적분가능하고, 함수 F가 $F'(x)=f(x)$를 만족하는 f의 부정적분이라면

$$\int_a^b f(x)\,dx = F(b)-F(a) \tag{5.23}$$

이다.

미적분학의 기본정리 5.34에서 $F(b)-F(a)$를 기호 $\big[F(x)\big]_a^b$로 나타내어

$$\int_a^b f(x)\,dx = \big[F(x)\big]_a^b = F(b)-F(a)$$

와 같이 쓰는 것이 편리하다.

이 정리를 이용해 정리 5.28가 성립하는 것을 보여주는 예시를 살펴보자.

예제 5.35

구간 $[0,2]$, $[0,1]$, $[1,2]$에서 함수 $f(x)=x-x^2$의 적분값을 구하면 다음과 같다.

$$\int_0^2 f(x)dx = \left[\frac{1}{2}x^2-\frac{1}{3}x^3\right]_0^2 = 2-\frac{8}{3}$$

$$\int_0^1 f(x)dx = \left[\frac{1}{2}x^2-\frac{1}{3}x^3\right]_0^1 = \frac{1}{2}-\frac{1}{3}$$

$$\int_1^2 f(x)dx = \left[\frac{1}{2}x^2-\frac{1}{3}x^3\right]_1^2 = 2-\frac{8}{3}-\frac{1}{2}+\frac{1}{3}$$

예제 5.36

다음 정적분을 구하시오.

(1) $\displaystyle\int_1^2 \sqrt{x}\,dx$　　　　(2) $\displaystyle\int_1^2 \frac{2x+1}{x^2}\,dx$

(3) $\displaystyle\int_0^{\frac{\pi}{2}} \sin x\,dx$　　　　(4) $\displaystyle\int_0^{\pi} |\cos x|\,dx$

풀이 (1) 다항함수의 부정적분 공식에 의하여

$$\int \sqrt{x}\,dx = \int x^{\frac{1}{2}}\,dx = \frac{2}{3}x^{\frac{3}{2}}$$

이므로 미분적분학의 기본정리를 적용하면 구하는 정적분은 다음과 같다.

$$\int_1^2 \sqrt{x}\,dx = \left[\frac{2}{3}x^{\frac{3}{2}}\right]_1^2 = \frac{2}{3}(2\sqrt{2}-1)$$

(2) 미분적분학의 기본정리를 적용하면 구하는 정적분은 다음과 같다.

$$\begin{aligned}\int_1^2 \frac{2x+1}{x^2}\,dx &= \int_1^2 \left(\frac{2}{x}+\frac{1}{x^2}\right)dx \\ &= 2\int_1^2 \frac{1}{x}\,dx + \int_1^2 \frac{1}{x^2}\,dx \\ &= 2\left[\ln x\right]_1^2 + \left[-\frac{1}{x}\right]_1^2 \\ &= 2\ln 2 + \frac{1}{2}\end{aligned}$$

(3) 미분적분학의 기본정리를 적용하면 구하는 정적분은 다음과 같다.

$$\int_0^{\frac{\pi}{2}} \sin x\,dx = \left[-\cos x\right]_0^{\frac{\pi}{2}} = 1$$

(4) $0 \le x \le \frac{\pi}{2}$ 일 때, $|\cos x| = \cos x$ 이고, $\frac{\pi}{2} \le x \le \pi$ 일 때, $|\cos x| = -\cos x$ 이므로 정리 5.28를 활용하여 적분구간을 분해하고, 미분적분학의 기본정리를 적용하면 구하는 정적분은 다음과 같다.

$$\begin{aligned}\int_0^{\pi} |\cos x|\,dx &= \int_0^{\frac{\pi}{2}} |\cos x|\,dx + \int_{\frac{\pi}{2}}^{\pi} |\cos x|\,dx \\ &= \int_0^{\frac{\pi}{2}} \cos x\,dx + \int_{\frac{\pi}{2}}^{\pi} (-\cos x)\,dx \\ &= \left[\sin x\right]_0^{\frac{\pi}{2}} + \left[-\sin x\right]_{\frac{\pi}{2}}^{\pi} \\ &= 1+1=2\end{aligned}$$

■

5.2.3 정적분의 계산법

이 절에서는 좀 더 복잡한 함수의 정적분을 구할 수 있는 방법을 학습한다. 우선 부정적분의 치환적분법을 정적분의 계산에 이용해보자. 함수 $f(x)$의 한 부정적분을 $F(x)$라고 하면, 정적분의 기본 정리에 의하여

$$\int_a^b f(x)\,dx = F(b) - F(a)$$

이다. 한편, 부정적분 $F(x) = \int f(x)\,dx$를 치환적분법으로 구할 때, 미분가능한 함수 g에 대하여 $x = g(t)$로 놓으면

$$F(x) = F(g(t)) = \int f(g(t))g'(t)dt$$

이다. 여기서 t의 값이 α에서 β까지 변함에 따라 $x = g(t)$에 대응하는 x의 값이 그림 5.5와 같이 a에서 b까지 변하므로

$$a = g(\alpha), \qquad b = g(\beta)$$

라고 하면

$$\int_\alpha^\beta f(g(t))g'(t)dt = [F(g(t))]_\alpha^\beta = F(g(\beta)) - F(g(\alpha)) = F(b) - F(a)$$
$$= \int_a^b f(x)\,dx$$

가 성립한다.

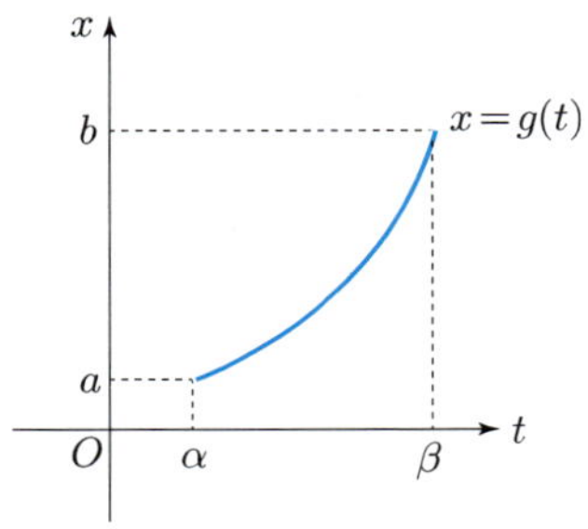

그림 5.5

따라서 정적분의 치환적분에 관한 다음 정리를 얻는다.

정리 5.37 정적분을 위한 치환적분법

도함수 $g'(x)$가 구간 $[a, b]$에서 적분가능이고, 함수 f가 $u = g(x)$의 치역에서 연속이면,

$$\int_a^b f\big(g(x)\big)g'(x)\,dx = \int_{g(a)}^{g(b)} f(u)\,du \tag{5.24}$$

가 성립한다.

예제 5.38

다음 정적분을 구하시오.

(1) $\displaystyle\int_0^1 (3x+2)^4\,dx$

(2) $\displaystyle\int_0^{\frac{\pi}{2}} \sin^3 x\cos x\,dx$

(3) $\displaystyle\int_0^a \sqrt{a^2-x^2}\,dx$

풀이 (1) $u = 3x+2$로 치환하면, $\dfrac{du}{dx} = 3$, 따라서 $du = 3\,dx$이고 $x = 0$일 때 $u = 2$, $x = 1$일 때 $u = 5$이므로 정리 5.37를 활용하여 주어진 정적분을 구하면 다음과 같다.

$$\int_0^1 (3x+2)^4\,dx = \int_2^5 u^4\cdot\frac{1}{3}du = \frac{1}{3}\int_2^5 u^4du = \frac{1}{3}\left[\frac{u^5}{5}\right]_2^5 = \frac{1}{3}\left(5^4 - \frac{2^5}{5}\right)$$

(2) $u = \sin x$로 치환하면, $\dfrac{du}{dx} = \cos x$, 즉 $du = \cos x\,dx$이고 $x = 0$일 때 $u = 0$, $x = \dfrac{\pi}{2}$일 때 $u = 1$이므로 정리 5.37를 활용하여 주어진 정적분을 구하면 다음과 같다.

$$\int_0^{\frac{\pi}{2}} \sin^3 x\cos x\,dx = \int_0^1 u^3du = \left[\frac{u^4}{4}\right]_0^1 = \frac{1}{4}$$

(3) $x = a\sin\theta$ $(-\dfrac{\pi}{2} \le \theta \le \dfrac{\pi}{2})$로 치환하면, $\dfrac{dx}{d\theta} = a\cos\theta$, 즉 $dx = a\cos\theta\,d\theta$이다. 또한, $x = 0$일 때, $\theta = 0$이고, $x = a$일 때, $\theta = \dfrac{\pi}{2}$이므로 정리 5.37를 활용하여 주어진 정적분을 구하면 다음과 같다.

$$\begin{aligned}\int_0^a \sqrt{a^2-x^2}\,dx &= \int_0^{\frac{\pi}{2}} \sqrt{a^2(1-\sin^2\theta)}\cdot a\cos\theta d\theta \\ &= \int_0^{\frac{\pi}{2}} a^2\cos^2\theta d\theta = a^2\int_0^{\frac{\pi}{2}} \frac{1+\cos 2\theta}{2}d\theta \\ &= \frac{a^2}{2}\left[\theta + \frac{\sin 2\theta}{2}\right]_0^{\frac{\pi}{2}} = \frac{\pi a^2}{4}\end{aligned}$$

참고로, $\cos^2\theta$의 차수를 줄이기 위하여 삼각함수의 반각공식 $\cos^2\theta = \dfrac{1+\cos 2\theta}{2}$ 이 사용되었다. ■

함수 $f(x)$가, $f(-x) = -f(x)$를 만족하면 기함수, $f(-x) = f(x)$를 만족하면 우함수라고 한다. 기함수의 그래프는 원점에 대해 대칭이고, 우함수의 그래프는 y축 대칭인 성질을 갖는다.

정리 5.28과 치환적분을 활용하여 기함수와 우함수의 정적분에 대한 다음의 유용한 공식을 유도할 수 있다.

정리 5.39 구간 $[-a, a]$에서 적분가능한 함수 f에 대하여 다음이 성립한다.

(1) f가 기함수이면, $\displaystyle\int_{-a}^{a} f(x)\,dx = 0$이다.

(2) f가 우함수이면, $\displaystyle\int_{-a}^{a} f(x)\,dx = 2\int_{0}^{a} f(x)\,dx$이다.

증명 정리 5.28에 의하여

$$\int_{-a}^{a} f(x)\,dx = \int_{-a}^{0} f(x)\,dx + \int_{0}^{a} f(x)\,dx$$

가 성립한다. 여기서 $x = -t$라 치환하면,

$$\int_{-a}^{0} f(x)\,dx = \int_{a}^{0} f(-t)(-1)dt = \int_{0}^{a} f(-t)dt = \int_{0}^{a} f(-x)\,dx$$

이다. 따라서

$$\int_{-a}^{a} f(x)\,dx = \int_{0}^{a} \big(f(-x) + f(x)\big)\,dx$$

가 성립한다. 그러므로 만약, $f(x)$가 기함수이면 $f(-x)+f(x) = 0$이고, $f(x)$가 우함수이면 $f(-x)+f(x) = 2f(x)$이므로, (1)과 (2)가 성립한다. ■

예제 5.40

정적분 $\displaystyle\int_{-1}^{1} \frac{x^2\tan x}{x^8+x^4+2}\,dx$를 구하시오.

풀이 $\tan x$는 기함수, x^2은 우함수, 함수 $g(x) = x^8+x^4+2$는 우함수이므로, 함수 $f(x) = \dfrac{x^2\tan x}{x^8+x^4+2}$는 기함수이다. 즉, 등식

$$f(x) = \frac{x^2\tan x}{g(x)} = \frac{(-x)^2(-\tan(-x))}{g(-x)} = -f(-x)$$

이 성립한다. 따라서, 정리 5.39의 (1)에 의하여 다음이 성립한다.

$$\int_{-1}^{1} \frac{x^2 \tan x}{x^8 + x^4 + 2}\, dx = 0$$

■

구간 $[a, b]$에서 미분가능하고 그 도함수가 적분가능인 함수 f와 g에 대하여, 함수의 곱의 미분법에 의하여

$$(f(x)g(x))' = f'(x)g(x) + f(x)g'(x)$$

이므로 다음 등식

$$\begin{aligned}\int_a^b (f(x)g(x))'\, dx &= \int_a^b (f'(x)g(x) + f(x)g'(x))\, dx \\ &= \int_a^b f'(x)g(x)\, dx + \int_a^b f(x)g'(x)\, dx\end{aligned}$$

이 성립한다. 그런데 미분적분학의 기본정리에 의하여

$$\int_a^b (f(x)g(x))'\, dx = [f(x)g(x)]_a^b$$

이므로

$$\int_a^b f(x)g'(x)\, dx = [f(x)g(x)]_a^b - \int_a^b f'(x)g(x)\, dx$$

이다.

따라서 정적분의 부분적분에 관한 다음 정리를 얻는다.

정리 5.41 정적분을 위한 부분적분법

함수 f, g가 구간 $[a, b]$에서 미분가능하고, f', g'이 적분가능이면

$$\int_a^b f(x)g'(x)\, dx = [f(x)g(x)]_a^b - \int_a^b f'(x)g(x)\, dx \tag{5.25}$$

가 성립한다.

식 (5.25)에서 $u = f(x)$, $v = g(x)$라고 놓으면, $du = f'(x)\, dx$이고 $dv = g'(x)\, dx$이므로 식 (5.25)는 간단히

$$\int_a^b u\, dv = [uv]_a^b - \int_a^b v\, du \tag{5.26}$$

와 같이 나타낼 수 있다.

예제 5.42

다음 정적분을 구하시오.

(1) $\displaystyle\int_0^1 xe^x\,dx$ (2) $\displaystyle\int_1^e \ln x\,dx$

(3) $\displaystyle\int_1^2 x\ln x\,dx$

풀이 (1) $f(x)=x,\ g'(x)=e^x$라 놓으면, $f'(x)=1$이고 $g(x)=e^x$이므로 정적분의 부분적분법을 이용해 주어진 정적분을 구하면 다음과 같다.

$$\int_0^1 xe^x\,dx=[xe^x]_0^1-\int_0^1 1\cdot e^x\,dx=1$$

(2) $f(x)=\ln x,\ g'(x)=1$로 놓으면, $f'(x)=\dfrac{1}{x}$이고 $g(x)=x$이므로 정적분의 부분적분법을 이용해 주어진 정적분을 구하면 다음과 같다.

$$\int_0^e \ln x\,dx=[x\ln x]_1^e-\int_1^e \frac{1}{x}\cdot x\,dx=e\ln e-[x]_1^e=1$$

(3) $f(x)=\ln x, g'(x)=x$로 놓으면, $f'(x)=\dfrac{1}{x}$이고 $g(x)=\dfrac{1}{2}x^2$이므로 정적분의 부분적분법을 이용해 주어진 정적분을 구하면 다음과 같다.

$$\int_1^2 x\ln x\,dx=\left[\frac{1}{2}x^2\ln x\right]_1^2-\int_1^2\frac{1}{x}\cdot\frac{1}{2}x^2dx=2\ln 2-\frac{3}{4}$$

■

5.2 연습문제

1. 다음 정적분을 구하시오.

(1) $\displaystyle\int_1^2 \frac{x+\sqrt{x}}{x^2}\,dx$ (2) $\displaystyle\int_{-1}^2 (2x-|x|)\,dx$

(3) $\displaystyle\int_0^{\frac{\pi}{2}} |\cos 2x|\,dx$ (4) $\displaystyle\int_0^{\pi} (e^{2x}+\cos^3 x)\,dx$

2. 다음 정적분을 구하시오.

(1) $\displaystyle\int_{-1}^{2} \frac{x}{\sqrt{3-x}}\,dx$　　(2) $\displaystyle\int_{0}^{1} \frac{e^x}{e^x+1}\,dx$

(3) $\displaystyle\int_{2}^{4} x\sqrt{x-2}\,dx$　　(4) $\displaystyle\int_{1}^{e^2} \frac{(\ln x)^3}{x}\,dx$

3. 다음 정적분을 구하시오.

(1) $\displaystyle\int_{1}^{e} x^3 \ln x\,dx$　　(2) $\displaystyle\int_{0}^{2} xe^{-x}\,dx$

(3) $\displaystyle\int_{0}^{1} x\,2^x\,dx$

4. 정적분 $\displaystyle\int_{0}^{\frac{\pi}{2}} \frac{\sin^3 x}{1+\cos x}\,dx$ 의 값을 구하시오.

5. 정적분 $\displaystyle\int_{-\frac{\pi}{2}}^{\frac{\pi}{2}} x(\cos x+\sin x)\,dx$ 의 값을 구하시오.

6. 정적분을 이용하여 다음 극한값을 구하시오.

$$\lim_{n\to\infty} \frac{\pi}{n}\left(\sin\frac{\pi}{n}+\sin\frac{2\pi}{n}+\cdots+\sin\frac{n\pi}{n}\right)$$

7. 다음 함수의 도함수를 구하시오.

(1) $\displaystyle F(x) = \int_{\sqrt{x}}^{x^3} \sqrt{t}\,\sin t\,dt$　　(2) $\displaystyle F(x) = \int_{0}^{e^{2x}} \sqrt{1+t^2}\,dt$

8. 함수 $f(x) = 3x^2\ (0 \le x \le 1)$ 에 대하여 적분에 관한 평균값 정리 5.30를 만족하는 c 의 값을 구하시오.

5.3 정적분의 응용

5.3.1 두 곡선 사이의 넓이

이 절에서는 곡선으로 둘러 싸인 영역의 넓이를 정적분을 이용해 구하는 방법을 학습한다. 우선 그림 5.6와 같이 구간 $[a, b]$에서 적분가능인 함수 $f(x)$에 대하여 곡선 $y = f(x)$와 x축 및 두 직선 $x = a$, $x = b$로 둘러싸인 도형의 넓이 A는 $|f(x)|$를 $[a, b]$에서 정적분하여 구할 수 있다.

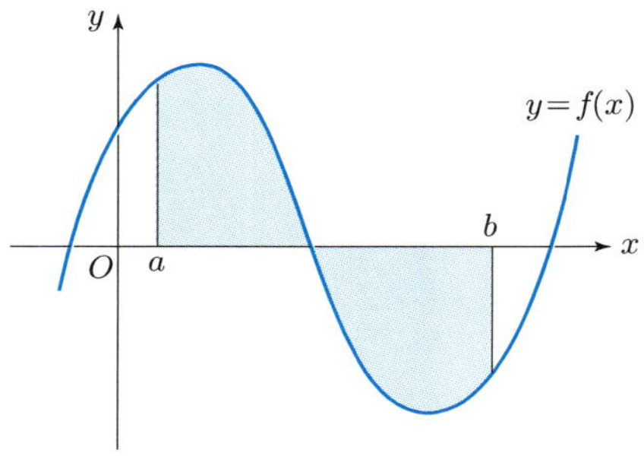

그림 5.6

정리 5.43 함수 $f(x)$가 구간 $[a, b]$에서 적분가능일 때, 곡선 $y = f(x)$와 x축 및 두 직선 $x = a$, $x = b$로 둘러싸인 도형의 넓이 A는

$$A = \int_a^b |f(x)|\,dx$$

이다.

예제 5.44

타원

$$\frac{x^2}{a^2} + \frac{y^2}{b^2} = 1 \ (a > 0,\ b > 0)$$

의 넓이를 구하시오.

풀이 이 타원은 그림 5.7에서와 같이 x축과 y축에 관해서 대칭이므로, 타원의 넓이를 A라고 하면 제1사분면의 넓이는 $\frac{1}{4}A$이다. 주어진 방정식을 y에 관한 함수로 정리하면, $y = \pm\sqrt{a^2 - x^2}$이고, 이 중 그래프가 제1사분면에 존재하는 함수는 $y = \sqrt{a^2 - x^2}$이다. 따라서 넓이는 다음과 같이 적분으로 나타낼 수 있다.

$$A = 4\int_0^a \frac{b}{a}\sqrt{a^2 - x^2}\,dx = \frac{4b}{a}\int_0^a \sqrt{a^2 - x^2}\,dx \tag{5.27}$$

한편, 예제 5.38의 (3)에 의하여

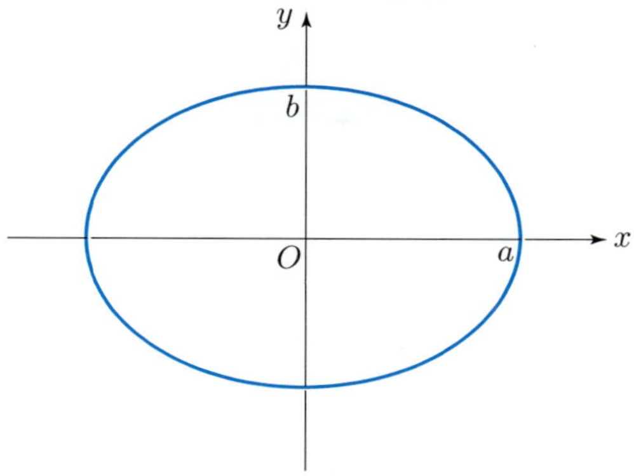

그림 5.7

$$\int_0^a \sqrt{a^2 - x^2}\,dx = \frac{\pi a^2}{4}$$

이다. 따라서 구하는 넓이는 $A = \frac{4b}{a} \times \frac{\pi a^2}{4} = ab\pi$ 이다. ■

예제 5.45

구간 $[0, \pi]$에서 곡선 $y = \cos x$ $(0 \le x \le \pi)$와 x축 및 두 직선 $x = 0$, $x = \pi$로 둘러싸인 도형의 넓이를 구하시오.

풀이 $0 \le x \le \frac{\pi}{2}$ 일 때, $\cos x \ge 0$, $\frac{\pi}{2} \le x \le \pi$ 일 때, $\cos x \le 0$이다. 따라서 구하는 도형의 넓이 A는 다음과 같다.

$$\begin{aligned} A &= \int_0^{\pi} |\cos x|\,dx \\ &= \int_0^{\frac{\pi}{2}} \cos x\,dx - \int_{\frac{\pi}{2}}^{\pi} \cos x\,dx \\ &= [\sin x]_0^{\frac{\pi}{2}} - [\sin x]_{\frac{\pi}{2}}^{\pi} \\ &= \sin\frac{\pi}{2} + \sin\frac{\pi}{2} = 2 \end{aligned}$$

■

다음은 그림 5.8와 같이 두 곡선으로 둘러 싸인 영역의 넓이를 구하는 방법이다.

정리 5.46 두 함수 f, g가 구간 $[a, b]$에서 적분가능이고

$$f(x) \geq g(x)$$

일 때, 두 곡선 $y = f(x)$, $y = g(x)$와 두 직선 $x = a$, $x = b$로 둘러싸인 영역의 넓이 A는 다음과 같다.

$$A = \int_a^b (f(x) - g(x))\, dx$$

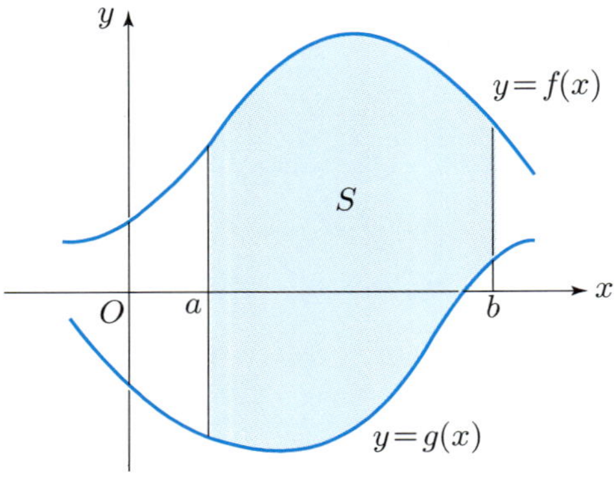

그림 5.8

예제 5.47

두 곡선 $y = \sqrt{x}$, $y = \dfrac{1}{x}$ 및 직선 $x = 2$로 둘러싸인 도형의 넓이를 구하시오.

풀이 두 곡선의 교점의 x좌표는 방정식 $\sqrt{x} = \dfrac{1}{x}$의 해이므로 $x = 1$이다. 따라서 구하려는 넓이 A는 다음과 같다.

$$\begin{aligned} A &= \int_1^2 \left(\sqrt{x} - \frac{1}{x}\right) dx = \left[\frac{2}{3}x^{\frac{3}{2}} - \ln x\right]_1^2 \\ &= \frac{2}{3}(2\sqrt{2} - 1) - \ln 2 \end{aligned}$$

■

예제 5.48

두 포물선 $x^2 = 2y$와 $y^2 = 16x$로 둘러싸인 영역의 넓이를 구하시오.

풀이 $x^2 = 2y$와 $y^2 = 16x$의 교점의 x좌표는 0, 4이다. 이 때, 두 포물선으로 둘러싸인 영역은 두 곡선 $y = \frac{1}{2}x^2$, $y = 4\sqrt{x}$로 둘러싸인 영역과 같다.

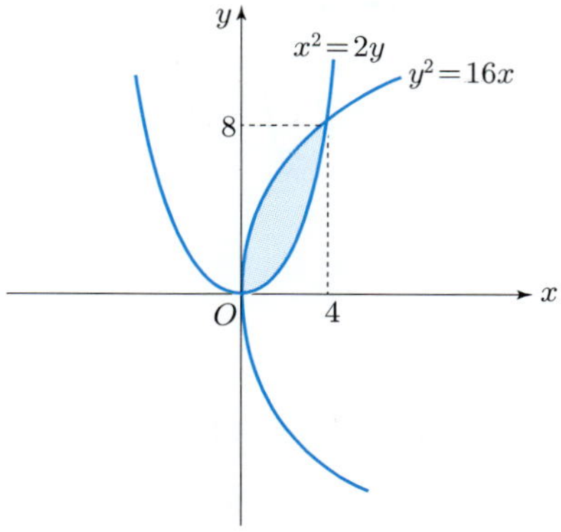

그림 5.9

그리고 $0 \le x \le 4$일 때, $\frac{1}{2}x^2 \le 4\sqrt{x}$이므로 구하려는 넓이 A는

$$A = \int_0^4 \left(4\sqrt{x} - \frac{1}{2}x^2\right) dx = \left[\frac{8}{3}x^{\frac{3}{2}} - \frac{1}{6}x^3\right]_0^4 = \frac{32}{3}$$

이다. ■

일반적으로 두 곡선이 교차하는 경우는 아래와 같이 구할 수 있다.

정리 5.49 두 함수 f, g가 구간 $[a, b]$에서 적분가능일 때, 두 곡선 $y = f(x)$, $y = g(x)$와 두 직선 $x = a$, $x = b$로 둘러싸인 영역의 넓이 A는 다음과 같다.

$$A = \int_a^b |f(x) - g(x)|\, dx$$

예제 5.50

두 삼차함수 $y = x^3 + x - 1$과 $y = -x^3 + 3x - 1$로 둘러싸인 영역의 넓이를 구하시오.

풀이 주어진 두 함수의 교점의 좌표를 구하기 위하여 방정식

$$x^3 + x - 1 = -x^3 + 3x - 1$$

를 풀면 $x = -1, 0, 1$이다. 그리고 $-1 \le x \le 0$일 때, $x^3 + x - 1 \ge -x^3 + 3x - 1$이고, $0 \le x \le 1$일 때, $x^3 + x - 1 \le -x^3 + 3x - 1$이므로 구하려는 넓이 A는

$$
\begin{aligned}
A &= \int_{-1}^{0} \left((x^3 + x - 1) - (-x^3 + 3x - 1)\right) dx \\
&\quad + \int_{0}^{1} \left((-x^3 + 3x - 1) - (x^3 + x - 1)\right) dx \\
&= 2\left[\int_{-1}^{0} (x^3 - x)\, dx + \int_{0}^{1} (x - x^3)\, dx\right] = 1
\end{aligned}
$$

이다. ▪

5.3.2 입체도형의 부피

어떤 입체도형이 주어졌을 때 x 축에 대하여, $x = a$, $x = b$인 두 점을 각각 지나면서 x 축에 수직인 두 평면 사이에 있는 부분의 부피 V를 구해보자.

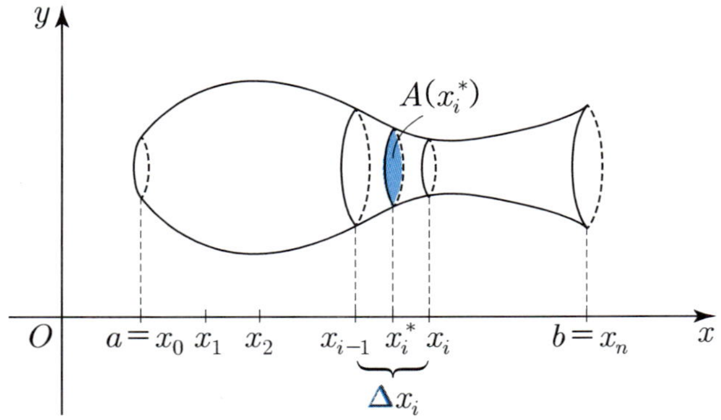

그림 5.10

구간 $[a, b]$의 임의의 점 x에서 x축에 수직인 평면으로 자른 단면의 넓이를 $A(x)$라고 하자. 구간 $[a, b]$의 분할 $P = \{x_0, x_1, \ldots, x_n\}$을 정하고 각 소구간 $[x_{i-1}, x_i]$ 안의 임의의 점 x_i^*를 택하여 보자. 이제 각각의 점 x_i를 지나고 x 축에 수직인 평면으로 입체를 자르면 얇은 평판들이 생긴다. 각 평판 사이의 입체도형의 부피 ΔV_i의 근삿값으로 밑면의 넓이가 $A(x_i^*)$이고 높이가 Δx_i인 기둥모양의 입체의 부피를 택하자. 즉

$$\Delta V_i \approx A(x_i^*) \Delta x_i$$

이때, 각 평판의 부피의 근삿값을 합하면 V의 근삿값을 얻는다. 즉

$$V \approx \sum_{i=1}^{n} A(x_i^*) \Delta x_i$$

여기서 $n \to \infty$으로 하면 V와 V의 근삿값의 차이가 점점 줄어들게 된다. 만일 $A(x)$

가 구간 $[a, b]$에서 적분가능한 함수이면

$$\lim_{n\to\infty}\sum_{i=1}^{n} A(x_i^*)\Delta x_i = \int_a^b A(x)\,dx$$

이다. 따라서 다음과 같은 정리를 얻는다.

정리 5.51 $x\ (a \le x \le b)$를 지나면서 x축에 수직인 평면으로 자른 입체도형의 단면의 넓이가 $A(x)$일 때, $x = a$와 $x = b$ 사이에 놓인 입체도형의 부피 V는

$$V = \int_a^b A(x)\,dx \tag{5.28}$$

이다 (단, 여기서 $A(x)$는 구간 $[a, b]$에서 적분가능한 함수이다).

예제 5.52

높이가 9 cm인 용기를 밑부분에서 x cm인 지점에서 밑변에 평행하게 자를 때 생기는 단면은 한 변의 길이가 $\sqrt[3]{3x}$ cm 인 정사각형이다. 이 입체의 부피 V를 구하시오.

풀이 단면의 넓이를 $A(x)$라 하면 $A(x) = \left(\sqrt[3]{3x}\right)^2$이므로 구하는 부피 V는

$$V = \int_0^9 (3x)^{\frac{2}{3}}\,dx = \frac{1}{3}\left[\frac{3}{5}(3x)^{\frac{5}{3}}\right]_0^9 = \frac{1}{5}\cdot 3^5 = \frac{243}{5}(\text{cm}^3)$$

이다. ■

따름정리 5.53 함수 $y = f(x)$가 구간 $[a, b]$에서 적분가능일 때, 곡선 $y = f(x)$와 x축 및 두 직선 $x = a$, $x = b$로 둘러싸인 평면도형을 x축 주위로 회전하여 얻어지는 회전체의 부피 V는 다음과 같다.

$$V = \pi\int_a^b \left(f(x)\right)^2 dx = \pi\int_a^b y^2\,dx$$

증명 x-축 위의 점 x를 지나고 x-축에 수직인 평면으로 회전체를 자를 때의 단면의 넓이 $A(x)$는 반지름이 $f(x)$인 원이므로

$$A(x) = \pi\left(f(x)\right)^2 = \pi y^2$$

이다. 따라서 구하는 부피 V는 정리 5.51에 의해 다음과 같다.

$$V = \pi\int_a^b \left(f(x)\right)^2 dx = \pi\int_a^b y^2\,dx$$

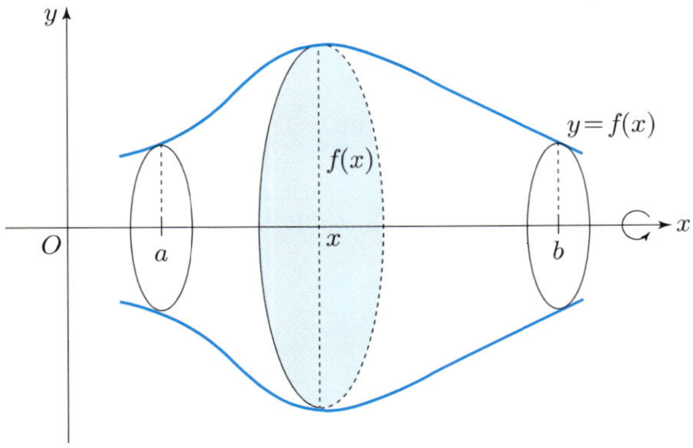

그림 5.11

■

예제 5.54

곡선 $y = 1 - \sqrt{x}$와 x축 및 y축으로 둘러싸인 부분을 x축의 둘레로 회전시킬 때 생기는 입체의 부피 V를 구하시오.

풀이 곡선 $y = 1 - \sqrt{x}$와 x축과의 교점은 $(1, 0)$이므로 따름정리 5.53에 의하여 구하는 부피 V는 다음과 같다.

$$V = \pi \int_0^1 (1 - \sqrt{x})^2 \, dx = \pi \int_0^1 (1 - 2\sqrt{x} + x) \, dx$$
$$= \pi \left[x - \frac{4}{3} x^{\frac{3}{2}} + \frac{1}{2} x^2 \right]_0^1 = \frac{\pi}{6}$$

■

예제 5.55

원 $x^2 + y^2 = a^2$을 x축 주위로 회전하여 얻어지는 회전체(구)의 부피를 구하시오.

풀이 따름정리 5.53에 의하여 구하는 부피 V는 다음과 같다.

$$V = \pi \int_{-a}^{a} y^2 \, dx = \pi \int_{-a}^{a} (a^2 - x^2) \, dx = \pi \left[a^2 x - \frac{x^3}{3} \right]_{-a}^{a} = \frac{4}{3} \pi a^3$$

■

예제 5.56

원 $x^2 + (y-b)^2 = r^2$ $(0 < r < b)$을 x축의 둘레로 회전시킬 때 생기는 회전체의 부피 V를 구하시오.

풀이 주어진 방정식을 y에 대하여 풀면 $y = b \pm \sqrt{r^2 - x^2}$이다. 따라서 따름정리 5.53에 의하여 구하는 부피 V는 구간 $[-r, r]$에서 반원 $y = b + \sqrt{r^2 - x^2}$을 x축의 둘레로 회전시킬 때 생기는 회전체의 부피에서 반원 $y = b - \sqrt{r^2 - x^2}$을 x축의 둘레로 회전시킬 때 생기는 회전체의 부피를 뺀 것과 같다.

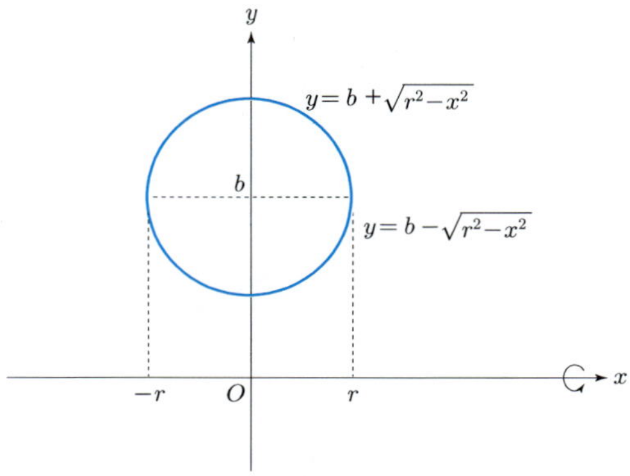

그림 5.12

한편, 예제 5.38의 (3)에 의하여

$$\int_{-r}^{r} \sqrt{r^2 - x^2}\, dx = 2\int_{0}^{r} \sqrt{r^2 - x^2}\, dx = \frac{\pi r^2}{2}$$

이다. 그러므로 구하는 부피 V는 다음과 같다.

$$\begin{aligned} V &= \pi \int_{-r}^{r} \left(b + \sqrt{r^2 - x^2}\right)^2 dx - \pi \int_{-r}^{r} \left(b - \sqrt{r^2 - x^2}\right)^2 dx \\ &= \pi \int_{-r}^{r} \left\{ \left(b + \sqrt{r^2 - x^2}\right)^2 - \left(b - \sqrt{r^2 - x^2}\right)^2 \right\} dx \\ &= 4\pi b \int_{-r}^{r} \sqrt{r^2 - x^2}\, dx \\ &= 4\pi b \cdot \frac{\pi r^2}{2} = 2\pi^2 r^2 b \end{aligned}$$

■

따름정리 5.57 함수 $x = g(y)$가 구간 $[c, d]$에서 적분가능일 때, 곡선 $x = g(y)$와 y축 및 두 직선 $y = c$, $y = d$로 둘러싸인 평면도형을 y축 주위로 회전하여 얻어지는 회전체의 부피 V는 다음과 같다.

$$V = \pi \int_c^d (g(y))^2 \, dy = \pi \int_c^d x^2 \, dy$$

증명 따름정리 5.53의 증명 방법과 동일하다. ■

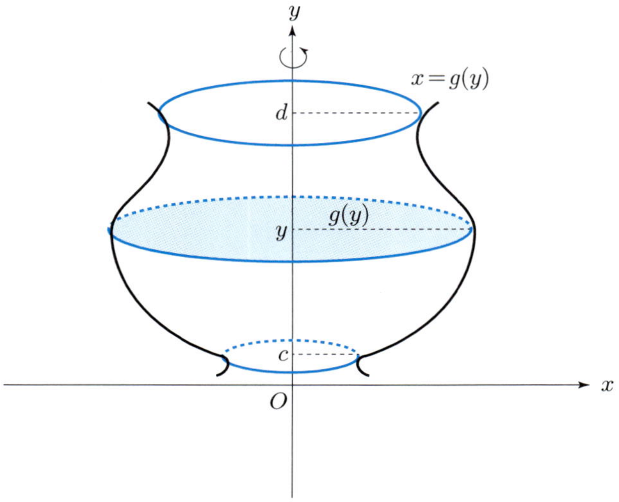

그림 5.13

예제 5.58

함수 $y = \sqrt{x}$ $(0 \le x \le 4)$가 그리는 곡선을 y-축 주위로 회전하여 얻어지는 회전체의 부피 V를 구하시오.

풀이 주어진 함수를 y에 대한 식으로 쓰면 $x = y^2$이다. 이 때, y의 범위는 $0 \le y \le 2$이다. 따라서 따름정리 5.57에 의하여 구하는 부피 V는 다음과 같다.

$$V = \pi \int_0^2 x^2 \, dy = \pi \left[\frac{1}{5} y^5 \right]_0^2 = \frac{32}{5} \pi$$

■

5.3.3 속도와 거리

가) 직선 위를 움직이는 점의 속도와 위치

일직선 위를 움직이는 점 P의 시각 t에서의 속도가 t에 대한 함수 $v(t)$로 주어지고, 어떤 시각 $t = a$에서의 점 P의 위치가 a에 대한 함수 $s(a)$일 때, 시각 t에서의 위치 $s(t)$와 $t = a$에서 $t = b$까지의 움직인 이동 거리 l은 다음과 같다.

(1) 시각 t에서의 위치 $s(t) = \int_a^t v(t)dt + s(a)$

(2) 시각 $t = a$에서 $t = b$까지의 움직인 이동 거리 $l = \int_a^b |v(t)|dt$

나) 평면 위를 움직이는 점의 속력과 경과 거리

좌표평면 위를 움직이는 점 P의 시각 t에서의 좌표 (x, y)가

$$x = f(t), \quad y = g(t)$$

로 주어질 때, 시각 t에서의 점 P의 속도 v와 속력 $|v|$는 다음과 같다.

$$v = \left(\frac{dx}{dt}, \frac{dy}{dt}\right), \qquad |v| = \sqrt{\left(\frac{dx}{dt}\right)^2 + \left(\frac{dy}{dt}\right)^2}$$

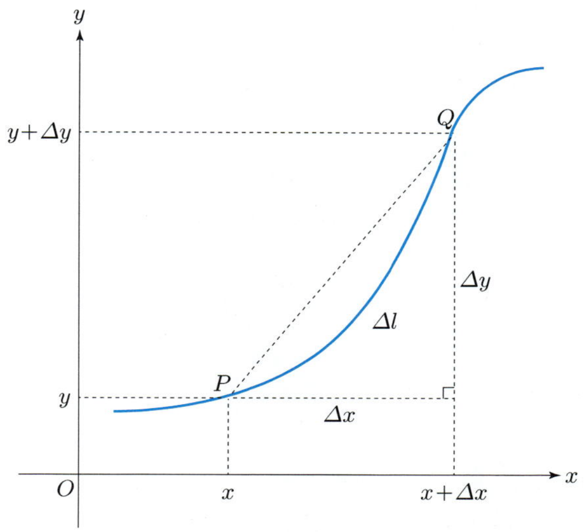

그림 5.14

점 P가 움직인 이동거리 l은 시각 t의 함수이므로 $l = l(t)$로 놓고, 시각이 t에서 $t + \Delta t$로 변할 때 점 P가 $P(x,\, y)$에서 $Q(x + \Delta x,\, y + \Delta y)$로 움직인다고 하자. 이때, 이동거리 l의 증분 Δl은

$$\Delta l = l(t + \Delta t) - l(t)$$

이고, 이것은 그림 5.14에서 곡선 PQ의 길이와 같다. 또, 선분 PQ의 길이는

$$\overline{PQ} = \sqrt{(\Delta x)^2 + (\Delta y)^2}$$

이다. 이 때, t의 증분 Δt를 충분히 작게 하면 곡선 PQ의 길이와 선분 PQ의 길이는 거의 같아지므로

$$\begin{aligned}\frac{dl}{dt} &= \lim_{\Delta t \to 0} \frac{\Delta l}{\Delta t} = \lim_{\Delta t \to 0} \frac{\sqrt{(\Delta x)^2 + (\Delta y)^2}}{\Delta t} \\ &= \lim_{\Delta t \to 0} \sqrt{\left(\frac{\Delta x}{\Delta t}\right)^2 + \left(\frac{\Delta y}{\Delta t}\right)^2}\end{aligned}$$

이다. 그러므로

$$\frac{dl}{dt} = \sqrt{\left(\frac{dx}{dt}\right)^2 + \left(\frac{dy}{dt}\right)^2} = |v|$$

가 성립한다. 그러므로 $l(t)$는 속력 $|v|$의 정적분으로 얻을 수 있다. 점 P가 시각 $t = a$에서 $t = b$까지 움직인 이동거리 l은

$$l = \int_a^b |v| dt = \int_a^b \sqrt{\left(\frac{dx}{dt}\right)^2 + \left(\frac{dy}{dt}\right)^2} dt$$

이다. 따라서 다음 정리를 얻는다.

정리 5.59 시각 t에서 점 $P(x, y)$의 위치가 $x = f(t)$, $y = g(t)$로 주어질 때, 점 P가 시각 $t = a$에서 $t = b$까지 움직인 이동거리 l은

$$l = \int_a^b |v| dt = \int_a^b \sqrt{\left(\frac{dx}{dt}\right)^2 + \left(\frac{dy}{dt}\right)^2} dt$$

이다.

예제 5.60

좌표평면 위를 움직이는 점 P의 시각 t에서의 위치 $P(x, y)$가 $x = e^t \cos t$, $y = e^t \sin t$일 때, $t = 0$에서 $t = \frac{\pi}{2}$까지의 점 P의 이동거리 l을 구하시오.

풀이 $\frac{dx}{dt} = e^t \cos t - e^t \sin t$, $\frac{dy}{dt} = e^t \sin t + e^t \cos t$ 이므로 정리 5.59에 의하여 구하는 이동거리 l은

$$\begin{aligned}l &= \int_0^{\frac{\pi}{2}} \sqrt{\left(\frac{dx}{dt}\right)^2 + \left(\frac{dy}{dt}\right)^2} dt = \int_0^{\frac{\pi}{2}} \sqrt{2} e^t dt = \left[\sqrt{2} e^t\right]_0^{\frac{\pi}{2}} \\ &= \sqrt{2}\left(e^{\frac{\pi}{2}} - 1\right)\end{aligned}$$

이다. ▩

다) 곡선의 길이

폐구간 $[a, b]$에서 정의된 미분가능이고 그 도함수가 연속인 함수 f에 대하여, 곡선 $y = f(x)$ $(a \leq x \leq b)$ 위를 움직이는 점 $P(x, y)$의 위치는

$$x = t, \quad y = f(t)\ (a \leq t \leq b)$$

로 나타내어질 수 있다. 이 때, 점 P가 움직인 이동거리는 이 곡선의 길이와 같고,

$$\int_a^b \sqrt{\left(\frac{dx}{dt}\right)^2 + \left(\frac{dy}{dt}\right)^2} dt = \int_a^b \sqrt{1 + (f'(t))^2} dt$$

이므로, 이 곡선의 길이를 l이라 하면

$$l = \int_a^b \sqrt{1 + (f'(x))^2}\, dx$$

이다. 따라서 곡선의 길이에 대한 다음 정리가 성립한다.

정리 5.61 함수 $y = f(x)$가 구간 $[a, b]$에서 미분가능하고, 또한 그 도함수 f'이 $[a, b]$에서 적분가능일 때, 구간 $[a, b]$에 대응하는 곡선의 길이 L은

$$L = \int_a^b \sqrt{1 + \left(f'(x)\right)^2}\, dx \tag{5.29}$$

이다.

예제 5.62

다음 곡선에 대하여 $x = 0$에서 $x = 1$까지의 길이 L을 구하시오.

(1) $y = 2x + 1$　　　(2) $y = \frac{2}{3}x^{\frac{3}{2}}$

풀이 (1) 정리 5.61에 의하여 구하는 길이 L은 다음과 같다.

$$L = \int_0^1 \sqrt{1 + \left(f'(x)\right)^2}\, dx = \int_0^1 \sqrt{1+4}\, dx = \left[\sqrt{5}\, x\right]_0^1 = \sqrt{5}$$

(2) $y' = x^{\frac{1}{2}}$ 이므로 정리 5.61에 의하여 $x = 0$에서 $x = 1$까지의 곡선의 길이 L은 다음과 같다.

$$L = \int_0^1 \sqrt{1 + \left(\sqrt{x}\right)^2}\, dx = \left[\frac{2}{3}(1+x)^{\frac{3}{2}}\right]_0^1 = \frac{4\sqrt{2}}{3} - \frac{2}{3}$$

■

5.3 연습문제

1. $y=\cos x,\ y=\sin 2x,\ x=0,\ x=\frac{\pi}{2}$로 둘러싸인 도형의 넓이를 구하시오.

2. $y=\ln x,\ x$축, $x=e$로 둘러싸인 도형의 넓이를 구하시오.

3. $y=e^{-x},\ x=0,\ x=1$ 로 둘러싸인 영역을 x축 둘레로 회전해서 생기는 회전체의 부피를 구하시오.

4. $y=\cos x\ (0\le x\le \frac{\pi}{2})$와 x축 및 y축으로 둘러싸인 도형을 x축 둘레로 회전해서 생기는 회전체의 부피를 구하시오.

5. 곡선 $y=\sqrt{x}-1$과 x축 및 y축으로 둘러싸인 도형을 y축 둘레로 회전해서 생기는 회전체의 부피를 구하시오.

6. 밑면의 반지름이 r이고 높이가 h인 원뿔의 부피를 정적분을 이용하여 구하시오.

7. $x=\sin t+\sqrt{3}\cos t,\ y=\cos t-\sqrt{3}\sin t$의 $0\le t\le \frac{3}{2}\pi$에서의 곡선의 길이를 구하시오.

8. 곡선 $y=\frac{1}{2}x^2-\frac{1}{4}\ln x$의 $x=1$에서 $x=2$까지의 길이 L을 구하시오.

부록

부록에서는 미분과 적분에 관련된 공식들을 요약하고 연습문제 해답을 제공한다. 본문에서 이미 언급한 공식에 더하여 보다 일반적인 함수의 미분적분 공식도 포함시켰다. 그러므로 미분적분학의 응용 문제를 다룰 때, 부록에 기술된 공식들은 독자들이 보다 빠르고 정확하게 미분적분의 값을 찾는데 많은 도움이 될 것이다. 또한 이 부록에서 요약 정리된 미분적분학 공식은 독자들이 기본적인 미분적분학 공식을 복습하는데 효율성을 제공할 것이다.

본문에서 배웠던 미분과 적분법을 이용하여, 부록에서 언급된 미분적분에 관한 공식들을 독자들 스스로 유도할 것을 권장한다. 이러한 시도에 의해서, 독자들은 미분과 적분을 정확하게 계산할 수 있는 능력을 극대화할 수 있을 것이다.

A 미분공식

• 일반 미분공식

1. $\dfrac{d}{dx}c = 0$ (c 는 상수)

2. $\dfrac{d}{dx}\big(cf(x)\big) = cf'(x)$ (c 는 상수)

3. $\dfrac{d}{dx}\big(f(x) + g(x)\big) = f'(x) + g'(x)$

4. $\dfrac{d}{dx}\big(f(x) - g(x)\big) = f'(x) - g'(x)$

5. $\dfrac{d}{dx}\big(f(x)g(x)\big) = f'(x)g(x) + f(x)g'(x)$ (Product Rule)

6. $\dfrac{d}{dx}\left(\dfrac{f(x)}{g(x)}\right) = \dfrac{f'(x)g(x) - f(x)g'(x)}{\big(g(x)\big)^2}$ (Quotient Rule)

7. $\dfrac{d}{dx}f\big(g(x)\big) = f'\big(g(x)\big)g'(x)$ (Chain Rule)

8. $\dfrac{d}{dx}x^n = nx^{n-1}$ (Power Rule)

• 지수함수 · 로그함수의 미분공식

9. $\dfrac{d}{dx}a^x = a^x \ln a$

10. $\dfrac{d}{dx}e^x = e^x$

11. $\dfrac{d}{dx}\log_a x = \dfrac{1}{x\ln a}$

12. $\dfrac{d}{dx}\ln x = \dfrac{1}{x}$

• 삼각함수의 미분공식

13. $\dfrac{d}{dx}\sin x = \cos x$

14. $\dfrac{d}{dx}\cos x = -\sin x$

15. $\dfrac{d}{dx}\tan x = \sec^2 x$

16. $\dfrac{d}{dx}\cot x = -\csc^2 x$

17. $\dfrac{d}{dx}\csc x = -\csc x\cot x$

18. $\dfrac{d}{dx}\sec x = \sec x\tan x$

B 적분공식

• 일반 적분공식

1. $\int u\,dv = uv - \int v\,du$

2. $\int u^n\,du = \dfrac{1}{n+1}u^{n+1} + c \qquad (n \neq -1)$

3. $\int \dfrac{1}{u}\,du = \ln|u| + c$

4. $\int e^u\,du = e^u + c$

5. $\int a^u\,du = \dfrac{a^u}{\ln a} + c$

6. $\int \sin u\,du = -\cos u + c$

7. $\int \cos u\,du = \sin u + c$

8. $\int \sec^2 u\, du = \tan u + c$

9. $\int \csc^2 u\, du = -\cot u + c$

10. $\int \sec u \tan u\, du = \sec u + c$

11. $\int \csc u \cot u\, du = -\csc u + c$

12. $\int \tan u\, du = \ln|\sec u| + c$

13. $\int \cot u\, du = \ln|\sin u| + c$

14. $\int \sec u\, du = \ln|\sec u + \tan u| + c$

15. $\int \csc u\, du = \ln|\csc u - \cot u| + c$

16. $\int \frac{1}{\sqrt{a^2 - u^2}}\, du = \sin^{-1}\frac{u}{a} + c \qquad (a > 0)$

17. $\int \frac{1}{a^2 + u^2}\, du = \frac{1}{a}\tan^{-1}\frac{u}{a} + c \qquad (a > 0)$

18. $\int \frac{1}{u\sqrt{u^2 - a^2}}\, du = \frac{1}{a}\sec^{-1}\frac{u}{a} + c \qquad (a > 0)$

19. $\int \frac{1}{a^2 - u^2}\, du = \frac{1}{2a}\ln\left|\frac{u+a}{u-a}\right| + c$

20. $\int \frac{1}{u^2 - a^2}\, du = \frac{1}{2a}\ln\left|\frac{u-a}{u+a}\right| + c$

21. $\int (u^2 \pm a^2)^{\frac{3}{2}}\, du = \frac{1}{4}u(u^2 \pm a^2)^{\frac{3}{2}} \pm \frac{3}{8}a^2 u\sqrt{u^2 \pm a^2} + \frac{3}{8}a^4 \ln\left|u + \sqrt{u^2 + a^2}\right| + c$

- **$\sqrt{a^2 + u^2}$, $(a > 0)$ 을 포함한 형태의 적분공식**

22. $\int \sqrt{a^2 + u^2}\, du = \frac{u}{2}\sqrt{a^2 + u^2} + \frac{a^2}{2}\ln\left|u + \sqrt{a^2 + u^2}\right| + c$

23. $\int u^2\sqrt{a^2 + u^2}\, du = \frac{u}{8}(a^2 + 2u^2)\sqrt{a^2 + u^2} - \frac{a^4}{8}\ln\left|u + \sqrt{a^2 + u^2}\right| + c$

24. $\int \frac{\sqrt{a^2 + u^2}}{u}\, du = \sqrt{a^2 + u^2} - a\ln\left|\frac{a + \sqrt{a^2 + u^2}}{u}\right| + c$

25. $\displaystyle\int \frac{\sqrt{a^2+u^2}}{u^2}\,du = -\frac{\sqrt{a^2+u^2}}{u} + \ln\left|u+\sqrt{a^2+u^2}\right| + c$

26. $\displaystyle\int \frac{1}{\sqrt{a^2+u^2}}\,du = \ln\left|u+\sqrt{a^2+u^2}\right| + c$

27. $\displaystyle\int \frac{u^2}{\sqrt{a^2+u^2}}\,du = \frac{u}{2}\sqrt{a^2+u^2} - \frac{a^2}{2}\ln\left|u+\sqrt{a^2+u^2}\right| + c$

28. $\displaystyle\int \frac{1}{u\sqrt{a^2+u^2}}\,du = -\frac{1}{a}\ln\left|\frac{\sqrt{a^2+u^2}+a}{u}\right| + c$

29. $\displaystyle\int \frac{1}{u^2\sqrt{a^2+u^2}}\,du = -\frac{\sqrt{a^2+u^2}}{a^2u} + c$

30. $\displaystyle\int \frac{1}{(a^2+u^2)^{\frac{3}{2}}}\,du = \frac{u}{a^2\sqrt{a^2+u^2}} + c$

- **$\sqrt{a^2-u^2}$, $(a>0)$ 을 포함한 형태의 적분공식**

31. $\displaystyle\int \sqrt{a^2-u^2}\,du = \frac{u}{2}\sqrt{a^2-u^2} + \frac{a^2}{2}\sin^{-1}\frac{u}{a} + c$

32. $\displaystyle\int u^2\sqrt{a^2-u^2}\,du = \frac{u}{8}\left(2u^2-a^2\right)\sqrt{a^2-u^2} + \frac{a^4}{8}\sin^{-1}\frac{u}{a} + c$

33. $\displaystyle\int \frac{\sqrt{a^2-u^2}}{u}\,du = \sqrt{a^2-u^2} - a\ln\left|\frac{a+\sqrt{a^2-u^2}}{u}\right| + c$

34. $\displaystyle\int \frac{\sqrt{a^2-u^2}}{u^2}\,du = -\frac{1}{u}\sqrt{a^2-u^2} - \sin^{-1}\frac{u}{a} + c$

35. $\displaystyle\int \frac{u^2}{\sqrt{a^2-u^2}}\,du = -\frac{u}{2}\sqrt{a^2-u^2} + \frac{a^2}{2}\sin^{-1}\frac{u}{a} + c$

36. $\displaystyle\int \frac{1}{u\sqrt{a^2-u^2}}\,du = -\frac{1}{a}\ln\left|\frac{a+\sqrt{a^2-u^2}}{u}\right| + c$

37. $\displaystyle\int \frac{1}{u^2\sqrt{a^2-u^2}}\,du = -\frac{1}{a^2u}\sqrt{a^2-u^2} + c$

38. $\displaystyle\int (a^2-u^2)^{\frac{3}{2}}\,du = -\frac{u}{8}(2u^2-5a^2)\sqrt{a^2-u^2} + \frac{3a^4}{8}\sin^{-1}\frac{u}{a} + c$

39. $\displaystyle\int \frac{1}{(a^2-u^2)^{\frac{3}{2}}}\,du = \frac{u}{a^2\sqrt{a^2-u^2}} + c$

- $\sqrt{u^2-a^2}$, $(a>0)$ 을 포함한 형태의 적분공식

40. $\displaystyle\int \sqrt{u^2-a^2}\,du = \frac{u}{2}\sqrt{u^2-a^2} - \frac{a^2}{2}\ln\left|u+\sqrt{u^2-a^2}\right| + c$

41. $\displaystyle\int u^2\sqrt{u^2-a^2}\,du = \frac{u}{8}(2u^2-a^2)\sqrt{u^2-a^2} - \frac{a^4}{8}\ln\left|u+\sqrt{u^2-a^2}\right| + c$

42. $\displaystyle\int \frac{\sqrt{u^2-a^2}}{u}\,du = \sqrt{u^2-a^2} - a\cos^{-1}\frac{a}{\ln|u|} + c$

43. $\displaystyle\int \frac{\sqrt{u^2-a^2}}{u^2}\,du = -\frac{\sqrt{u^2-a^2}}{u} + \ln\left|u+\sqrt{u^2-a^2}\right| + c$

44. $\displaystyle\int \frac{1}{\sqrt{u^2-a^2}}\,du = \ln\left|u+\sqrt{u^2-a^2}\right| + c$

45. $\displaystyle\int \frac{u^2}{\sqrt{u^2-a^2}}\,du = \frac{u}{2}\sqrt{u^2-a^2} + \frac{a^2}{2}\ln\left|u+\sqrt{u^2-a^2}\right| + c$

46. $\displaystyle\int \frac{1}{u^2\sqrt{u^2-a^2}}\,du = \frac{\sqrt{u^2-a^2}}{a^2u} + c$

47. $\displaystyle\int \frac{1}{(u^2-a^2)^{\frac{3}{2}}}\,du = -\frac{u}{a^2\sqrt{u^2-a^2}} + c$

- $a+bu$ 를 포함한 형태의 적분공식

48. $\displaystyle\int \frac{u}{a+bu}\,du = \frac{1}{b^2}\left(a+bu-a\ln|a+bu|\right) + c$

49. $\displaystyle\int \frac{u^2}{a+bu}\,du = \frac{1}{2b^3}\left((a+bu)^2 - 4a(a+bu) + 2a^2\ln|a+bu|\right) + c$

50. $\displaystyle\int \frac{1}{u(a+bu)}\,du = \frac{1}{a}\ln\left|\frac{u}{a+bu}\right| + c$

51. $\displaystyle\int \frac{1}{u^2(a+bu)}\,du = -\frac{1}{au} + \frac{b}{a^2}\ln\left|\frac{a+bu}{u}\right| + c$

52. $\displaystyle\int \frac{u}{(a+bu)^2}\,du = \frac{a}{b^2(a+bu)} + \frac{1}{b^2}\ln|a+bu| + c$

53. $\displaystyle\int \frac{1}{u(a+bu)^2}\,du = \frac{1}{a(a+bu)} - \frac{1}{a^2}\ln\left|\frac{a+bu}{u}\right| + c$

54. $\displaystyle\int \frac{u^2}{(a+bu)^2}\,du = \frac{1}{b^3}\left(a+bu-\frac{a^2}{a+bu} - 2a\ln|a+bu|\right) + c$

55. $\displaystyle\int u\sqrt{a+bu}\,du = \frac{2}{15b^2}(3bu-2a)(a+bu)^{\frac{3}{2}} + c$

56. $\displaystyle\int \frac{u}{\sqrt{a+bu}}\,du = \frac{2}{3b^2}(bu-2a)\sqrt{a+bu} + c$

57. $\displaystyle\int \frac{u^2}{\sqrt{a+bu}}\,du = \frac{2}{15b^3}\left(8a^2+3b^2u^2-4abu\right)\sqrt{a+bu}+c$

58. $\displaystyle\int \frac{1}{u\sqrt{a+bu}}\,du = \begin{cases} \dfrac{1}{\sqrt{a}}\ln\left|\dfrac{\sqrt{a+bu}-\sqrt{a}}{\sqrt{a+bu}+\sqrt{a}}\right|+c & (\text{if } a>0) \\ \dfrac{2}{\sqrt{-a}}\tan^{-1}\sqrt{\dfrac{a+bu}{-a}}+c & (\text{if } a>0) \end{cases}$

59. $\displaystyle\int \frac{\sqrt{a+bu}}{u}\,du = 2\sqrt{a+bu}+a\int \frac{1}{u\sqrt{a+bu}}\,du$

60. $\displaystyle\int \frac{\sqrt{a+bu}}{u^2}\,du = -\frac{\sqrt{a+bu}}{u}+\frac{b}{2}\int \frac{1}{u\sqrt{a+bu}}\,du$

61. $\displaystyle\int u^n\sqrt{a+bu}\,du = \frac{2}{b(2n+3)}\left(u^n(a+bu)^{\frac{3}{2}}-na\int u^{n-1}\sqrt{a+bu}\,du\right)$

62. $\displaystyle\int \frac{u^n}{\sqrt{a+bu}}\,du = \frac{2u^n\sqrt{a+bu}}{b(2n+1)}-\frac{2na}{b(2n+1)}\int \frac{u^{n-1}}{\sqrt{a+bu}}\,du$

63. $\displaystyle\int \frac{1}{u^n\sqrt{a+bu}}\,du = -\frac{\sqrt{a+bu}}{a(n-1)u^{n-1}}-\frac{b(2n-3)}{2a(n-1)}\int \frac{1}{u^{n-1}\sqrt{a+bu}}\,du$

• 삼각함수를 포함한 형태의 적분공식

64. $\displaystyle\int \sin^2 u\,du = \frac{1}{2}u-\frac{1}{4}\sin 2u+c$

65. $\displaystyle\int \cos^2 u\,du = \frac{1}{2}u+\frac{1}{4}\sin 2u+c$

66. $\displaystyle\int \tan^2 u\,du = \tan u-u+c$

67. $\displaystyle\int \cot^2 u\,du = -\cot u-u+c$

68. $\displaystyle\int \sin^3 u\,du = -\frac{1}{3}\left(2+\sin^2 u\right)\cos u+c$

69. $\displaystyle\int \cos^3 u\,du = \frac{1}{3}\left(2+\cos^2 u\right)\sin u+c$

70. $\displaystyle\int \tan^3 u\,du = \frac{1}{2}\tan^2 u+\ln|\cos u|+c$

71. $\displaystyle\int \cot^3 u\,du = -\frac{1}{2}\cot^2 u-\ln|\sin u|+c$

72. $\displaystyle\int \sec^3 u\,du = \frac{1}{2}\sec u\tan u+\frac{1}{2}\ln|\sec u+\tan u|+c$

73. $$\int \csc^3 u\,du = -\frac{1}{2}\csc u \cot u + \frac{1}{2}\ln|\csc u - \cot u| + c$$

74. $$\int \sin^n u\,du = -\frac{1}{n}\sin^{n-1} u \cos u + \frac{n-1}{n}\int \sin^{n-2} u\,du$$

75. $$\int \cos^n u\,du = \frac{1}{n}\cos^{n-1} u \sin u + \frac{n-1}{n}\int \cos^{n-2} u\,du$$

76. $$\int \tan^n u\,du = \frac{1}{n-1}\tan^{n-1} u - \int \tan^{n-2} u\,du$$

77. $$\int \cot^n u\,du = -\frac{1}{n-1}\cot^{n-1} u - \int \cot^{n-2} u\,du$$

78. $$\int \sec^n u\,du = \frac{1}{n-1}\tan u \sec^{n-2} u + \frac{n-2}{n-1}\int \sec^{n-2} u\,du$$

79. $$\int \csc^n u\,du = -\frac{1}{n-1}\cot u \csc^{n-2} u + \frac{n-2}{n-1}\int \csc^{n-2} u\,du$$

80. $$\int \sin au\ \sin bu\,du = \frac{1}{2(a-b)}\sin(a-b)u - \frac{1}{2(a+b)}\sin(a+b)u + c$$

81. $$\int \cos au\ \cos bu\,du = \frac{1}{2(a-b)}\sin(a-b)u + \frac{1}{2(a+b)}\sin(a+b)u + c$$

82. $$\int \sin au\ \cos bu\,du = -\frac{1}{2(a-b)}\cos(a-b)u - \frac{1}{2(a+b)}\cos(a+b)u + c$$

83. $$\int u \sin u\,du = \sin u - u\cos u + c$$

84. $$\int u \cos u\,du = \cos u + u\sin u + c$$

85. $$\int u^n \sin u\,du = -u^n \cos u + n\int u^{n-1}\cos u\,du$$

86. $$\int u^n \cos u\,du = u^n \sin u - n\int u^{n-1}\sin u\,du$$

87. $$\int \sin^n u \cos^m u\,du = \begin{cases} -\dfrac{\sin^{n-1} u \cos^{m+1} u}{n+m} + \dfrac{n-1}{n+m}\displaystyle\int \sin^{n-2} u \cos^m u\,du \\ \dfrac{\sin^{n+1} u \cos^{m-1} u}{n+m} + \dfrac{m-1}{n+m}\displaystyle\int \sin^n u \cos^{m-2} u\,du \end{cases}$$

정답과 해설

1.1 집합

1 $A = \{ㄱ, ㄴ, ㄷ, ㅇ, ㅎ, ㄸ\}$

2 $\mathbb{X} = \{x \in \mathbb{R} | x^4 - x^2 - 2 = 0\}$ (조건제시법), $\mathbb{X} = \{-\sqrt{2}, \sqrt{2}\}$ (원소나열법)

3 $\{a, b\}, \{a, c\}, \{a, d\}, \{b, c\}, \{b, d\}, \{c, d\}, \{a, b, c\}, \{a, b, d\}, \{a, c, d\}, \{b, c, d\}$

4 $P(\{0, 1, 2\}) = \{\emptyset, \{0\}, \{1\}, \{2\}, \{0, 1\}, \{0, 2\}, \{1, 2\}, \{1, 2, 3\}\}$

1.2 집합의 연산

1 (2)

2 (3)

3 $A \cap B^{\mathrm{C}} = \emptyset \iff A - B = \emptyset \iff A \subset B$

4 (2) $A \cap (B - C) = A \cap (B \cap C^{\mathrm{C}}) = (A \cap B) \cap C^{\mathrm{C}} = (A \cap B) - C$
(4) $A - (B \cap C) = A \cap (B \cap C)^{\mathrm{C}} = A \cap (B^{\mathrm{C}} \cup C^{\mathrm{C}}) = (A \cap B^{\mathrm{C}}) \cup (A \cap C^{\mathrm{C}}) = (A - B) \cup (A - C)$

5 (1) $(A \times B) \cap (A \times C) = A \times (B \cap C) = \{a, b\} \times \{3, 5\} = \{(a, 3), (a, 5), (b, 3), (b, 5)\}$
(2) $(A \triangle B) \triangle C = (A \cup B) \triangle C = \{a, b, 1, 2, 4, 7, 9\}$

6 32

2.1 함수

1 (1) $f(-5) = 25,\ f(0) = 0,\ f(3) = 9,\ f(5) = 25,\ f(10) = 100$
(2) 정의역 $= [-5, 10]$, 공역 $= \mathbb{R}$, 치역 $= [0, 100]$

3 정의역 $= \{x \in \mathbb{R} \mid x \geq -1\}$, 치역 $= \{y \in \mathbb{R} \mid y \geq 1\}$

4 (1) 17 (2) 1 (3) $\dfrac{3x+3}{2}$ (4) $\dfrac{2x-7}{3}$

6 (3)

2.2 지수함수와 로그함수

1 (1) $\sqrt{2}$ (2) 2 (3) $\sqrt[6]{2^5}$ (4) $-\dfrac{3}{2}$ (5) 2 (6) -2

5 $\dfrac{1}{2}$

7 $\dfrac{2ab}{1+ab}$

9 50

2.3 삼각함수

1 (1) $\sqrt{3}$ (2) $\cos\theta+\sin\theta$ (3) $\sin\theta=-\dfrac{5\sqrt{26}}{26}$, $\cos\theta=-\dfrac{\sqrt{26}}{26}$

3 $\tan(\alpha+\beta)=-1$, $\tan(\alpha-\beta)=\dfrac{1}{7}$

5 (1) $-\dfrac{\sqrt{3}}{2}$ (2) $\dfrac{1}{2}$ (3) $-\sqrt{3}$

7 $\dfrac{\sqrt{3}}{3}$

3.1 함수의 극한

1 (1) $\displaystyle\lim_{x\to4}\frac{\sqrt{x}-2}{x-4}=\lim_{x\to4}\frac{1}{\sqrt{x}+2}=\frac{1}{4}$

(2) $\displaystyle\lim_{x\to0}\frac{\sqrt{1+x}-\sqrt{1-x}}{x}=\lim_{x\to0}\frac{2}{\sqrt{1+x}+\sqrt{1-x}}=1$

(3) $\displaystyle\lim_{x\to0}\frac{x}{\sqrt{x+4}-2}=\lim_{x\to0}(\sqrt{x+4}+2)=4$

2 (1) $-\dfrac{1}{2}$ (2) 2 (3) 1 (4) 0 (5) $-\dfrac{1}{2}$

3 $\displaystyle\lim_{x\to0}x=0$이므로, $\displaystyle\lim_{x\to0}(a\sqrt{x+1}+b)=0$이다. 따라서, $a+b=0$. 즉, $b=-a$이고,

$$\begin{aligned}\lim_{x\to0}\frac{a\sqrt{x+1}+b}{x}&=\lim_{x\to0}\frac{a(\sqrt{x+1}-1)}{x}=\lim_{x\to0}\frac{a}{(\sqrt{x+1}+1)}=\frac{a}{2}\\&=1\end{aligned}$$

이므로 $a=2$이다. 따라서, $a=2,\ b=-2$이다.

4 (1) 0 (2) 0

3.2 함수의 연속성

1 (1) $x=9,\quad f(9)=\dfrac{1}{6}$ (2) $x=4,\quad f(-4)=48.$

2 극한의 조임정리 3.23으로부터

$$\lim_{x\to0}x\sin\frac{1}{x}=0$$

임을 확인할 수 있다. 따라서 $a=0$이면

$$\lim_{x\to 0} f(x) = 0 = f(0)$$

이므로, $f(x)$는 $x=0$에서 연속인 함수이다. 그러나 $a \neq 0$이면

$$\lim_{x\to 0} f(x) = 0, \qquad f(0) \neq 0$$

이므로, $f(x)$는 $x=0$에서 불연속인 함수이다.

3 $f(x) = 2x^3 - 6x^2 + x + 2$라 하자. 그러면 $f(x)$는 $[0,\ 1]$에서 연속이고

$$f(0) = 2 > 0, \quad f(1) = -1 < 0$$

이다. 따라서, $f(1) < 0 < f(0)$이므로, 중간값의 정리에 의해서 $f(c) = 0$이 되는 c가 $(0, 1)$ 안에 적어도 하나 존재한다.

4 $f(x)$는 $[1,\ 3]$에서 연속이고

$$f(1) = 1 - 1 + 1 = 1$$

$$f(3) = 27 - 9 + 3 = 21$$

이다. 따라서, $f(1) < 10 < f(3)$이므로, 중간값의 정리에 의해서 $f(c) = 10$이 되는 c가 $(1,\ 3)$ 안에 적어도 하나 존재한다.

5 $f(x) = \begin{cases} -1, & -1 \le x < 0 \\ 1, & 0 \le x \le 1 \end{cases}$

3.3 삼각함수와 지수·로그함수의 극한

1 (1) $\lim_{x\to 0} \dfrac{\sin(\sin x)}{\sin x}\dfrac{\sin x}{x} = 1$ (2) $\lim_{x\to 0} \dfrac{\sin^2 x}{x \sin x} = 1$

2 $f(x)$가 $x = 0$에서 연속이므로 $\lim_{x\to 0} f(x) = f(0)$이다. $\lim_{x\to 0} x^2 = 0$이므로 $\lim_{x\to 0} f(x)$가 존재하기 위하여 $\lim_{x\to 0}(a - \cos 2x) = a - 1 = 0$이다. 따라서 $a = 1$이고 $\lim_{x\to 0} \dfrac{1-\cos 2x}{x^2} = 2\lim_{x\to 0} \dfrac{\sin^2 x}{x^2} = 2$ 이므로 $b = 2$이다.

3 (1) $\lim_{x\to\infty} \dfrac{1}{1-\left(\frac{2}{3}\right)^x} = 1$ (2) $3\lim_{x\to\infty} \left\{1 + \left(\dfrac{2}{3}\right)^x\right\}^{\frac{1}{x}} = 3$

4 (1) ∞ (2) $\lim_{t\to 0^+} \log_{\frac{1}{2}} t = \infty$

(3) $\lim_{x\to\infty} \log_3\left(2 + \frac{1}{x}\right) = \log_3 2$

5 (1) $\lim_{x\to\infty} \dfrac{1}{\left(1+\frac{1}{x}\right)^x} = \dfrac{1}{e}$ (2) $\lim_{x\to 0} \left\{(1+6x)^{\frac{1}{6x}}\right\}^6 = e^6$

(3) $\lim_{x\to 0} \ln\left\{(1+2x)^{\frac{1}{2x}}\right\}^2 = \ln e^2 = 2$

(4) $a^x - 1 = t$ 로 놓으면 $x = \log_a(t+1)$이고 $x \to 0$ 일 때 $t \to 0$이므로

$$\lim_{t\to 0} \frac{t}{\log_a(t+1)} = \lim_{t\to 0} \frac{1}{\log_a(t+1)^{\frac{1}{t}}} = \frac{1}{\log_a e} = \ln a$$

4.1 미분계수와 접선의 방정식

1 (1) 5 (2) 0 (3) $-\dfrac{1}{h+1}$ (4) $\dfrac{\sqrt{5}-1}{2}$

2 (1) -2 (2) $\dfrac{1}{9}$

3 (1) $x=0$에서 미분불가능 (2) $x=0$에서 미분가능

4 (1) $\left(\dfrac{1}{2}, \dfrac{3}{4}\right)$ (2) $(1,-2)$ 또는 $(-1,2)$

5 (1) 4 (2) 4 (3) 3 (4) $\dfrac{4}{3}$

6 (1) 0 (2) -1

7 (1) 접선 : $y=4x-1$, 법선 : $y=-\dfrac{1}{4}x+\dfrac{13}{4}$

(2) 접선 : $y=\dfrac{1}{2}x-\dfrac{1}{2}$, 법선 : $y=-2x+7$

4.2 도함수와 미분법

1 (1) 도함수의 정의를 이용하면

$$\begin{aligned}f'(x) &= \lim_{h\to 0}\frac{f(x+h)-f(x)}{h} = \lim_{h\to 0}\frac{\sqrt{x+h}-\sqrt{x}}{h}\\ &= \lim_{h\to 0}\frac{\sqrt{x+h}-\sqrt{x}}{h}\cdot\frac{\sqrt{x+h}+\sqrt{x}}{\sqrt{x+h}+\sqrt{x}}\\ &= \lim_{h\to 0}\frac{1}{\sqrt{x+h}+\sqrt{x}} = \frac{1}{2\sqrt{x}}\end{aligned}$$

이다.

(2) 도함수의 정의를 이용하면

$$\begin{aligned}f'(x) &= \lim_{h\to 0}\frac{f(x+h)-f(x)}{h} = \lim_{h\to 0}\frac{1}{h}\left(\frac{1}{x+h}-\frac{1}{x}\right)\\ &= \lim_{h\to 0}\frac{-1}{x(x+h)} = -\frac{1}{x^2}\end{aligned}$$

이다.

2 (1) $4x^3+30x^2+18x+2$ (2) $8x^7-14x^6+12x^5-15x^4-4x^3-8x+1$

(3) $-\dfrac{2x}{5(x^2+1)\sqrt[5]{x^2+1}}$ (4) $\dfrac{2(x^3+2x+1)(3x^2+x+2)}{(x^2-1)^2}$

3 (1) $\dfrac{y-3x^2}{3y^2-x}$ (2) $-\dfrac{4x}{9y}$ (3) $-\dfrac{\sqrt[3]{y^2}}{\sqrt[3]{x^2}}$

4 (1) $y = f^{-1}(x)$라고 하면, $x = f(y) = \frac{1}{2}(y^3 - 1)$ 로부터 $f^{-1}(x) = y = (2x+1)^{\frac{1}{3}}$ 이다. 또한, $f'(x) = \frac{3}{2}x^2$ 이므로, 역함수 미분법 공식을 적용하면,

$$(f^{-1})'(x) = \frac{1}{f'(f^{-1}(x))} = \frac{2}{3(f^{-1}(x))^2} = \frac{2}{3(2x+1)^{\frac{2}{3}}}$$

이다.

(2) $y = f^{-1}(x)$라고 하면, $x = f(y) = \sqrt[3]{2y+1}$ 로부터 $f^{-1}(x) = y = \frac{1}{2}(x^3 - 1)$이다. 또한, $f'(x) = \frac{2}{3(2x+1)^{\frac{2}{3}}}$ 이므로, 역함수 미분법 공식을 적용하면,

$$(f^{-1})'(x) = \frac{1}{f'(f^{-1}(x))} = \frac{3}{2}(2f^{-1}(x)+1)^{\frac{2}{3}} = \frac{3}{2}x^2$$

이다.

5 (1) $\frac{3t^2+2}{8t\sqrt{t^3+2t+1}}$ (2) $-\frac{1}{t\sqrt{t}}$

4.3 삼각함수와 지수 · 로그함수의 도함수

1 (1) $2\ln 2$ (2) 0

2 $\frac{3}{2}\pi + 2n\pi$ (단, n은 정수)

3 (1) $y' = -(x^2+2)\sin x$ (2) $y' = -6x\sec^2(\cos(x^2+1))\sin(x^2+1)$

(3) $y' = \csc x \tan^2 x$ (4) $y' = \frac{1+\cos x - \sin x}{(1+\cos x)^2}$

(5) $y' = \sec^2 x(3\sec x \tan x + 1)$ (6) $y' = -\frac{\csc^2 x}{2\sqrt{\cot x}}$

4 (1) $\frac{dy}{dx} = -\frac{\sin(x+y) - \cos(x-y)}{\sin(x+y) + \cos(x-y)}$

(2) $\frac{dy}{dx} = \frac{(\sec^2 x)y + \cot y}{x\csc^2 y - \tan x}$

5 (1) $y' = 10^x \ln 10$ (2) $y' = 5^{x^2-2x+2}(2x-2)\ln 5$

(3) $y' = a^x \ln a \ln x + \frac{a^x}{x}$ (4) $y' = \frac{1}{2}(e^x - e^{-x})$

(5) $y' = 2\cot x$ (6) $y' = 3\frac{(\ln x)^2}{x}$

(7) $y' = \frac{x}{x^2+1}$ (8) $y' = 2^{\sqrt{2}+\frac{1}{2}}x^{-1+\sqrt{2}}$

(9) $y' = 1 - \frac{(e^x - e^{-x})^2}{(e^x + e^{-x})^2}$ (10) $y' = -\tan x$

6 (1) $y' = x^x(1+\ln x)$

(2) $y' = (\cos x)^x(\ln(\cos x) - x\tan x)$

(3) $y' = 4x^{2\ln x - 1}\ln x$

(4) $y' = \frac{(2x+1)^3(x^4-8)^5}{\sqrt{x^2+1}}\left(\frac{6}{2x+1} + \frac{20x^3}{x^4-8} - \frac{x}{x^2+1}\right)$

7 a

8 $y = x$

9 $\dfrac{t}{e^{2t+1}(t^2+1)}$

10 $a = -2,\ b = 2$

11 $\dfrac{4}{e}$

4.4 도함수의 응용

1 1

2 $y = ex$

3 (1) $\dfrac{3}{2}$ (2) $\pm\dfrac{\sqrt{21}}{3}$ (3) $\sqrt{2}$ (4) $1+\dfrac{7\sqrt{21}}{9}$

4 (1) 만약 $x = y$일 때, 부등식의 좌변과 우변이 모두 0이므로 등식이 성립한다.
만약 $x \neq y$일 때, $f(x) = \cos x$라 하면 함수 f는

1) $x < y$일 때 개구간 (x, y)에서 미분가능하고 폐구간 $[x, y]$에서 연속

2) $x > y$일 때 개구간 (y, x)에서 미분가능하고 폐구간 $[y, x]$에서 연속

이다. 따라서 평균값의 정리로부터

$$\frac{\cos x - \cos y}{x - y} = \frac{f(x) - f(y)}{x - y} = f'(c) = -\sin c$$

를 만족시키는 c가 개구간 (x, y) 또는 (y, x)에서 존재한다. 양변에 절댓값을 취하면

$$\left|\frac{\cos x - \cos y}{x - y}\right| = |-\sin c| \leq 1$$

이다. 따라서 $|\cos x - \cos y| \leq |x - y|$가 성립한다.

5 x_1과 x_2가 $x_1 < x_2$를 만족하는 (a, b) 안의 임의의 두 점이라고 하자. f는 (a, b)에서 미분가능하므로, 개구간 (x_1, x_2)에서 미분가능하고 폐구간 $[x_1, x_2]$에서 연속이다. 평균값 정리를 구간 $[x_1, x_2]$상에서 적용하면,

$$f(x_2) - f(x_1) = f'(c)(x_2 - x_1)$$

을 만족하는 점 c가 구간 (x_1, x_2)에서 존재한다. 구간 (x_1, x_2) 안의 모든 실수 x에 대해 $f'(x) = 0$이므로 $f'(c) = 0$이다. 따라서 $f(x_2) - f(x_1) = 0$, 즉 $f(x_2) = f(x_1)$이 된다. 그러므로 f는 개구간 (a, b) 안의 어떠한 두 수 x_1과 x_2에서도 같은 함숫값을 갖는다. 즉, f는 상수함수이다.

6 $\dfrac{1}{e}$

7 (1) $x = -1$: 극댓값 3
(2) 극값 없음

(3) $x=0$: 극댓값 1, $x=-1$: 극솟값 -2, $x=4$: 극솟값 -127

(4) $x=-\frac{1}{6}$: 극솟값 $\left(-\frac{1}{6}\right)^{\frac{1}{5}}\left(\frac{5}{6}\right)$

(5) $x=-1$: 극댓값 6, $x=3$: 극솟값 -26

(6) $x=1$: 극댓값 1

(7) $x=-2$: 극댓값 $\frac{4}{e^2}$, $x=0$: 극솟값 0

(8) $x=\frac{1}{e}$: 극솟값 $-\frac{1}{e}$

8 (1) 16 (2) -54

9 $a=6$, $b=9$

10 (1) 극댓값 : $x=-2$일 때 2와 $x=1$일 때 1, 극솟값 : $x=0$일 때 0,
최댓값 : $x=-2$일 때 2, 최솟값 : $x=0$일 때 0

(2) 극댓값 : $x=0$일 때 1와 $x=1$일 때 3, 극솟값 : $x=\frac{1}{4}$일 때 0,
최댓값 : $x=1$일 때 3, 최솟값 : $x=\frac{1}{4}$일 때 0

(3) 극댓값 : 없음, 극솟값 : 없음,
최댓값 : 없음, 최솟값 : 없음

(4) 극댓값 : 없음, 극솟값 : $x=1$일 때 0,
최댓값 : 없음, 최솟값 : $x=1$일 때 0

(5) 극댓값 : $x=2$일 때 $\frac{4}{e^2}$, 극솟값 : $x=0$일 때 0와 $x=3$일 때 $\frac{9}{e^3}$,
최댓값 : $x=2$일 때 $\frac{4}{e^2}$, 최솟값 : $x=0$일 때 0

(6) 극댓값 : $x=2$일 때 $e^2-\frac{1}{e^2}$, 극솟값 : $x=-1$일 때 $\frac{1}{e}-e$,
최댓값 : $x=2$일 때 $e^2-\frac{1}{e^2}$, 최솟값 : $x=-1$일 때 $\frac{1}{e}-e$

11 (1) 위로 볼록

(2) $x>0$: 아래로 볼록, $x<0$: 위로 볼록

(3) $x<1-\frac{\sqrt{21}}{3}$, $x>1+\frac{\sqrt{21}}{3}$: 아래로 볼록, $1-\frac{\sqrt{21}}{3}<x<1+\frac{\sqrt{21}}{3}$: 위로 볼록

(4) $x<0$, $x>\frac{2}{3}$: 아래로 볼록, $0<x<\frac{2}{3}$: 위로 볼록

(5) $x>1$: 아래로 볼록, $x<1$: 위로 볼록

(6) 위로 볼록

(7) $x<-2-\sqrt{2}$, $x>-2+\sqrt{2}$: 아래로 볼록, $-2-\sqrt{2}<x<-2+\sqrt{2}$: 위로 볼록

(8) $x>0$: 아래로 볼록, $x<0$: 위로 볼록

(9) 아래로 볼록

(10) $x<\frac{1}{4}$: 아래로 볼록, $x>\frac{1}{4}$: 위로 볼록

12 (1) $(-2,0)$ (2) $(-1,9)$

(3) $(0,0)$, $\left(-\frac{2}{3},-\frac{16}{27}\right)$ (4) $(0,0)$, $(\sqrt[3]{\frac{1}{2}},-\frac{11}{8})$, $(-\sqrt[3]{\frac{1}{2}},\frac{11}{8})$

13 (1) 극댓값 : 4, 극솟값 : -4, 변곡점 : 없음

(2) 극값 : 없음, 변곡점 : $(0,5)$

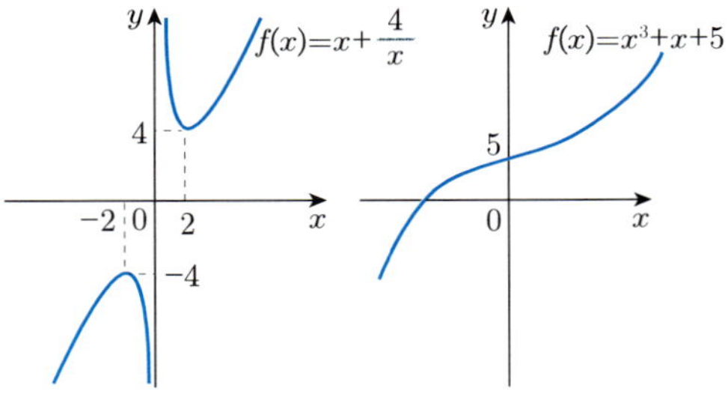

그림 1　연습문제 13번 (1)–(2)

(3) 극댓값 : 1, 극솟값 : -3, 변곡점 : $(2, -1)$
(4) 극댓값 : 없음, 극솟값 : -17, 변곡점 : $(0, 10), (2, -6)$

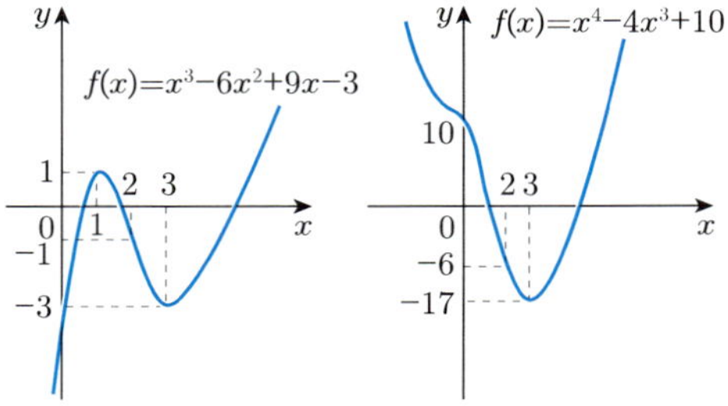

그림 2　연습문제 13번 (3)–(4)

(5) 극댓값 : 1, 극솟값 : -1, 변곡점 : $(0, 0), \left(\frac{3}{4}, \frac{12}{13}\right)$
(6) 극댓값 : 없음, 극솟값 : $\frac{1}{36} - \frac{1}{\sqrt[3]{6}}$, 변곡점 : $\left(\frac{2}{3}, \frac{5}{3}\sqrt[5]{\frac{2}{5}}\right)$

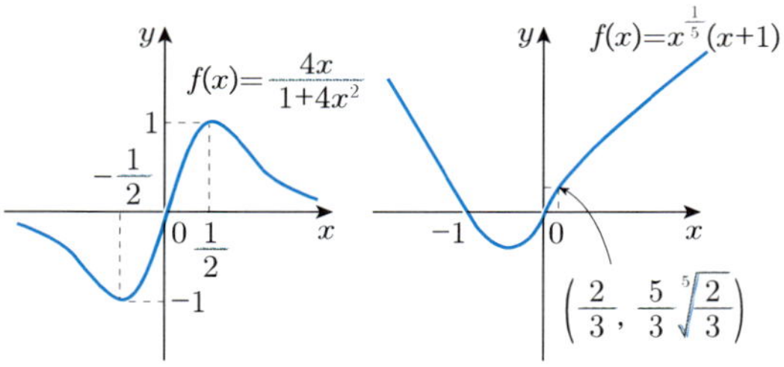

그림 3　연습문제 13번 (5)–(6)

(7) 극댓값 : $\frac{1}{2\sqrt{2}}$, 극솟값 : $-\frac{1}{2\sqrt{2}}$,
변곡점 : $\left(\frac{4}{3}\pi + 2n\pi, 0\right), \left(-\frac{1}{3}\pi + 2n\pi, 0\right)$ (단, n은 정수)
(8) 극댓값 : 없음, 극솟값 : 1, 변곡점 : 없음

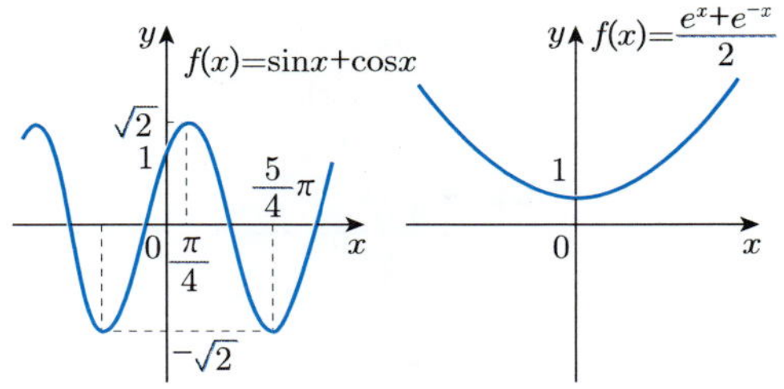

그림 4 연습문제 13번 (7)-(8)

14 (1) 수직점근선 : $x=1$, 수평점근선 : $y=0$,
극값 : 없음, 변곡점 : 없음
(2) 수직점근선 : 없음, 수평점근선 : 없음,
극값 : 없음, 변곡점 : 없음

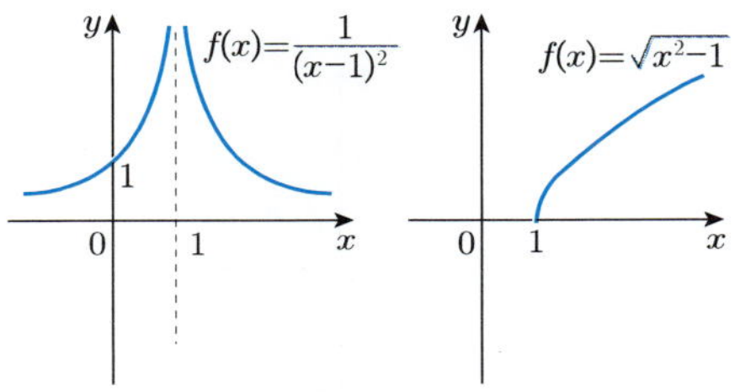

그림 5

(3) 수직점근선 : $x=1$, 수평점근선 : $y=0$,
극댓값 : 없음, 극솟값 : $-\dfrac{1}{4}$, 변곡점 : $\left(-2,-\dfrac{2}{9}\right)$
(4) 수직점근선 : $x=\frac{1}{2}\pi+n\pi$, (단, n은 정수) 수평점근선 : 없음,
극값 : 없음, 변곡점 : $(n\pi, n\pi)$, (단, n은 정수)

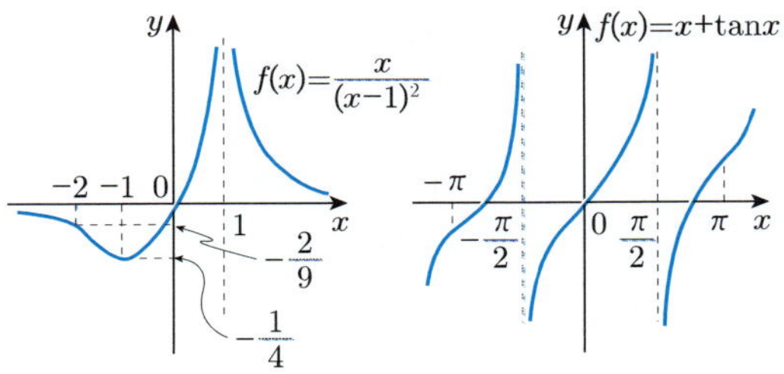

그림 6

(5) 수직점근선 : $x=1$, 수평점근선 : 없음, 사점근선 : $y=x+1$
극댓값 : -2, 극솟값 : 6, 변곡점 : 없음
(6) 수직점근선 : $x=2, x=-2$, 수평점근선 : $y=1$
극댓값 : 0, 극솟값 : 없음, 변곡점 : 없음

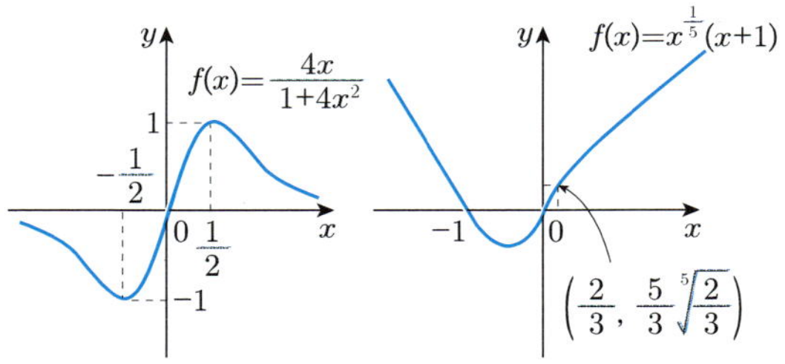

그림 7

(7) 수직점근선 : 없음, 수평점근선 : $y=1, y=-1$
극값 : 없음, 변곡점 : $(0,0)$
(8) 수직점근선 : 없음, 수평점근선 : $y=0$
극댓값 : 1, 극솟값 : 없음, 변곡점 : $\left(-\frac{1}{\sqrt{2}}, \frac{1}{\sqrt{e}}\right), \left(\frac{1}{\sqrt{2}}, \frac{1}{\sqrt{e}}\right)$

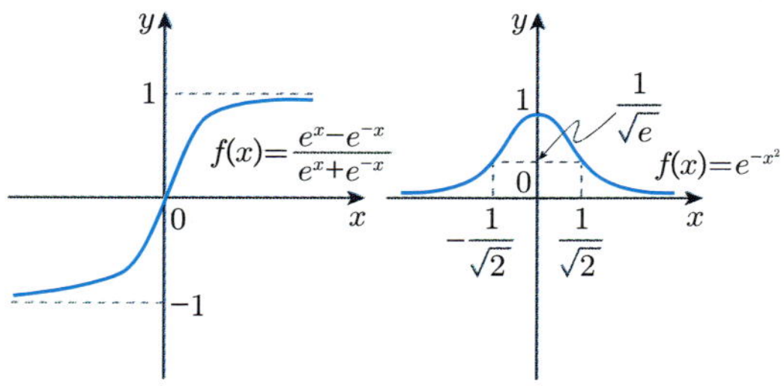

그림 8

15 (1) $x'(t)=3(t-1)^2$ 이므로 진행방향이 바뀌지 않는다 (2) 3 (3) 12

16 $\frac{9}{40\pi}$

17 (1) 속도: $(3t^2+2, -2t-1)$, 속력: $\sqrt{9t^4+16t^2+4t+5}$, 가속도: $(6t, -2)$
(2) 속도: $((\sin t+\cos t)e^t, (\cos t-\sin t)e^t)$, 속력: $\sqrt{2}e^t$, 가속도: $(2e^t\cos t, -2e^t\sin t)$

5.1 부정적분

1 (1) $\frac{2}{9}x^4\sqrt{x}+C$
(2) $\int(4^x-2^x)\,dx=\frac{4^x}{\ln 4}-\frac{2^x}{\ln 2}+C=\frac{2^{2x}}{2\ln 2}-\frac{2^x}{\ln 2}+C=\frac{2^x(2^x-2)}{2\ln 2}+C$

2 (1)$u=1-e^x$ 라 놓으면, $\frac{du}{dx}=-e^x$ 이므로 구하는 부정적분은

$$\int e^x\sqrt{1-e^x}\,dx=\int -\sqrt{u}du=-\frac{2}{3}u^{\frac{3}{2}}+C$$
$$=-\frac{2}{3}(1-e^x)^{\frac{3}{2}}+C$$

(2) $u = \cos x$로 놓으면 $\dfrac{du}{dx} = -\sin x$이므로

$$(\text{준식}) = \int e^u(-du) = -e^u + C = -e^{\cos x} + C$$

4 (1) $(\text{준식}) = \dfrac{1}{2}\displaystyle\int (\sin 8x + \sin 2x)\,dx = -\dfrac{1}{16}(\cos 8x - 4\cos 2x) + C$

(2) $(\text{준식}) = -\dfrac{1}{2}\displaystyle\int (\cos 4x - \cos 2x)\,dx = -\dfrac{1}{8}(\sin 4x - 2\sin 2x) + C$

(3) $(\text{준식}) = \dfrac{1}{2}\displaystyle\int (\cos x + \cos 5x)\,dx = \dfrac{1}{10}(5\sin x + \sin 5x) + C$

5.2 정적분

1 (1) $\displaystyle\int_1^2 \frac{x+\sqrt{x}}{x^2}\,dx = \int_1^2 \left(\frac{1}{x} + x^{-\frac{3}{2}}\right)dx = \ln 2 - \sqrt{2} + 2$

(2) $\displaystyle\int_{-1}^2 (2x - |x|)\,dx = \int_0^2 x\,dx + \int_{-1}^0 3x\,dx = \frac{1}{2}$

(3) $\displaystyle\int_0^{\frac{\pi}{2}} |\cos 2x|\,dx = \int_0^{\frac{\pi}{4}} \cos 2x\,dx + \int_{\frac{\pi}{4}}^{\frac{\pi}{2}} (-\cos 2x)\,dx = 1$

3 (1) $\displaystyle\int_1^e x^3 \ln x\,dx = \left[\frac{1}{4}x^4 \ln x\right]_1^e - \frac{1}{4}\int_1^e x^3\,dx = \frac{1}{16}(3e^4 + 1)$

(2) $\displaystyle\int_0^2 xe^{-x}\,dx = -\left[xe^{-x}\right]_0^2 + \int_0^2 e^{-x}\,dx = 1 - \frac{3}{e^2}$

5 2

5.3 정적분의 응용

1 두 곡선의 교점을 구하면 $x = \dfrac{\pi}{6}, \dfrac{\pi}{2}$이므로

$$S = \int_{\frac{\pi}{6}}^{\frac{\pi}{2}} (\sin 2x - \cos x)\,dx = \left[-\frac{1}{2}\cos 2x - \sin x\right]_{\frac{\pi}{6}}^{\frac{\pi}{2}} = \frac{1}{4}$$

3 $V = \pi\displaystyle\int_0^1 (e^{-x})^2\,dx = \pi\int_0^1 e^{-2x}\,dx = -\frac{\pi}{2}\left[e^{-2x}\right]_0^1 = \frac{\pi}{2}(1 - \frac{1}{e^2})$

5 $V = \pi\displaystyle\int_{-1}^0 (y+1)^4 dy = \pi\int_0^1 t^4 dt = \frac{\pi}{5}$

7 $\dfrac{dx}{dt} = \cos t - \sqrt{3}\sin t,\ \dfrac{dy}{dt} = -\sin t - \sqrt{3}\cos t$ 이므로 곡선의 길이 l은

$$\begin{aligned} l &= \int_0^{\frac{3}{2}\pi} \sqrt{(\cos t - \sqrt{3}\sin t)^2 + (-\sin t - \sqrt{3}\cos t)^2 dt} \\ &= \int_0^{\frac{3}{2}\pi} 2dt \\ &= 3\pi \end{aligned}$$

찾아보기

ㅇ

ㅈ

ㅊ

T

U

V

기초미적분학

지은이 고두원, 권오상, 김선광, 김세정, 박병도, 신재민, 양창훈, 류미수, 윤영호, 이은정, 정대웅, 지운식, 진상돈, 황숙정
펴낸이 조경희
펴낸곳 경문사
펴낸날 2024년 3월 4일 1판 1쇄
등 록 1979년 11월 9일 제1979-000023호
주 소 04057, 서울특별시 마포구 와우산로 174
전 화 (02)332-2004 팩스 (02)336-5193
이메일 kyungmoon@kyungmoon.com

값 16,000원

ISBN 979-11-6073-691-5

★ 경문사의 다양한 도서와 콘텐츠를 만나보세요!

홈페이지	www.kyungmoon.com	페이스북	facebook.com/kyungmoonsa
포스트	post.naver.com/kyungmoonbooks	블로그	blog.naver.com/kyungmoonbooks
북이오	buk.io/@pa9309	인스타그램	instagram.com/kyungmoonsa

도서 중 **정오표** 및 **학습자료**가 있는 경우 홈페이지 내 해당 도서 상세 페이지의 **자료** 탭에 업로드됩니다.